# 数学资优生教育的
# 研究与实践

何　强　王松萍　著

华东师范大学出版社
·上海·

**图书在版编目(CIP)数据**

数学资优生教育的研究与实践/何强,王松萍著. —上海:
华东师范大学出版社,2023
ISBN 978 - 7 - 5760 - 3993 - 1

Ⅰ.①数… Ⅱ.①何…②王… Ⅲ.①数学教学－教学研
究 Ⅳ.①O1 - 53

中国国家版本馆 CIP 数据核字(2023)第 125862 号

SHUXUE ZIYOUSHENG JIAOYU DE YANJIU YU SHIJIAN
## 数学资优生教育的研究与实践

| | |
|---|---|
| 著　者 | 何　强　王松萍 |
| 总 策 划 | 孔令志 |
| 组稿编辑 | 万源琳 |
| 责任编辑 | 石　战 |
| 责任校对 | 江小华 |
| 装帧设计 | 卢晓红 |

出版发行　华东师范大学出版社
社　　址　上海市中山北路 3663 号　邮编 200062
网　　址　www.ecnupress.com.cn
电　　话　021 - 60821666　行政传真 021 - 62572105
客服电话　021 - 62865537　门市(邮购) 电话 021 - 62869887
地　　址　上海市中山北路 3663 号华东师范大学校内先锋路口
网　　店　http://hdsdcbs.tmall.com

印 刷 者　南通印刷总厂有限公司
开　　本　787 毫米×1092 毫米　1/16
印　　张　15.25
字　　数　233 千字
版　　次　2023 年 11 月第 1 版
印　　次　2023 年 11 月第 1 次
书　　号　ISBN 978 - 7 - 5760 - 3993 - 1
定　　价　55.00 元

出版人　王　焰

# 前　言

国家的竞争力在很大程度上取决于人才的培养，数学作为科学技术的基础学科，在尖端人才的培养上肩负着重要的使命。数学资优生是数学和科学创新拔尖人才较重要的来源，数学资优生教育已成为数学教育研究的热点。我国著名数学家和数学教育家张奠宙教授曾指出："数学资优生的教育是我国数学教育的一个短板。"数学资优生教育落后导致的一个严重后果就是科学技术创新人才的匮乏，特别是杰出人才"冒"不出来，严重制约我国的科技发展。近年来，教育部出台了一系列相关政策，强调培养科技创新急需的拔尖人才。

我们所在的学校——上海市市北初级中学从事数学资优生早期的发现和培养工作已有二十多年的历史，其间产生了良好的社会效果，取得了一定的社会影响力，并对积累的数学资优生教育经验和做法进行了总结和反思。我们全程参与了我校数学资优生培养的规划、实施，以及具体的教学，积累了一些经验和做法，形成了本书。

本书首先探讨了国内数学资优生教育的概况，阐述了作者的数学资优生教育观，即培养德才兼备的潜在科学技术研究人才。然后，分成两个部分展开论述。第一部分着力探讨数学资优生的德育教育，强调资优生要先成人再成才。第二部分重点探讨数学资优生的成才问题，主要涉及资优生数学兴趣的激发和保持、资优生数学问题意识的养成以及资优生数学问题解决能力的培养等方面。其中，数学问题解决能力的培养是资优生成才教育的核心。最后，总结了作者在上海市市北初级中学从事数学资优生教育的经验和成绩，并对数学资优生的教育进行了反思和展望。

本书由何强提出整体的框架设计,何强完成了第一、二、六章的初稿,王松萍完成了第三、四、五章的初稿,然后两人交叉审阅,一起交流,多次修改,最后由何强统稿、定稿。

在写作过程中,倪明编审审阅了部分初稿,提出了不少建设性的意见,提升了著作的学术规范。在出版过程中,华东师大出版社的孔令志、石战和万源琳三位老师为此付出了很多心血。在此,对他们的帮助表示深深的谢意。

本书可作为中小学数学教师的教学研究参考用书。我们写作本书,希望将自己的思考、实践、心得,与同行分享,共同努力,促进我国的基础教育发展,为拔尖人才的培养做出贡献。囿于我们的水平,书中难免存在不当与疏漏之处,恳请广大读者朋友批评指正。

作 者

2023 年 2 月

# 目　录

# 第1章　数学资优生教育概述与实践探索

理念引领未来,实践铸就发展。学生的成长、学校的发展,既需要理念的引领,也需要课程、教学、教师、评价等体系的支撑。确定怎样的教育理念,以及如何科学有效地践行,让身处其中的每位孩子都能获得和而不同的高质量发展,既是挑战,也是使命。

## 1.1 | 理念引领下的师生共成长

笔者所在的学校——上海市市北初级中学是一所公办初中学校,面向的是上海市静安区对口小学,按政府要求进行普招。另外我校在长期的办学过程中形成了自己的办学特色和优势,因此还招收数学方面较为突出的学生,也就是数学资优生。学校力争充分挖掘每个孩子的优势,为他们今天和明天的发展奠定坚实的基础,并为他们将来发挥更大的社会价值埋下一颗待发的种子。

### 1.1.1　办学理念

(1) 理念提出

学校的办学追求总是和时代的使命联系在一起。随着经济、社会发展及教育开放程度的提升,个体多元化需要的诉求更加强烈。关注个体需求,为每位学生提供适合的学校教育,是对个体发展权利的尊重,是真正教育公平的体现,也是我国基础教育改革的重要使命和方向。为了学生个体和国家明天的发展,每所学校有义务和责任,根据自身历史和现实发展定位,结合学生实际,树立前瞻的教育思想与办学理念。

我校原是市北中学的初中部,1996年按教育部及市教委指示,初高中脱钩,市北中学初中部开始独立办学,校名确定为"市北初级中学"。经过多年办学的实践,学校领导班子带领全体教师积极探索,经回顾、梳理、提炼,明确了市北初级中学的办学理念为"总有一片天空属于你"。

后来,我们学习了《国家中长期教育改革和发展规划纲要(2010—2020年)》(以下简称《纲要》)等相关文件,对政策的深入学习和领悟进一步坚定了我校教师对"总有一片天空属于你"办学理念的认同和坚持。如《纲要》第二条提出:"关心每位学生,促进每位学生主动地、生动活泼地发展,尊重教育规律和学生身心发展规律,为每位学生提供适合的教育。"第三十二条提出:"创新人才培养模式。适应国家和社会发展需要,遵循教育规律和人才成长规律,深化教育教学改革,创新教育教学方法,探索多种培养方式,形成各类人才辈出、拔尖创新人才不断涌现的局面。"《纲要》中还多处提到要因材施教,把全面发展与个性发展统一起来,这从教育政策层面为我校办学理念的实践转化提供了依据和方向①。学校的办学理念和思想也将随着我们的持续学习和办学实践的深入而不断丰富、完善,它也指导着我校的内涵发展、特色发展、和谐发展。

(2) 内涵理解

"总有一片天空属于你",强调在促进学生全面发展的基础上,也要尊重学生的差异发展,就是我们常说的"因材施教",识其材,进而施其教。这一理念下的基本观点有:其一,给予学生充分的选择空间,尊重、发现、激励和提升学生的学习兴趣,让学生学会选择。其二,教师在教育教学中,发现不同学生的熟悉领域、兴趣所在,施以有目的的引导和培养,使每位学生的优势和特长都能有较大发展。其三,对学生、教师成长的评价是相对的、阶段性的,每一位学

---

① 顾明远.个性化教育与人才培养模式创新[J].中国教育学刊,2011(10):5-8.

生、教师都会不断成长，只要学生、教师持之以恒地努力，都可以在不同领域或者在不同的评价坐标里实现自我价值。其四，构建平等和谐的师生关系，平等和谐的教师团队和管理者团队是一片小的天空，是学生、教师、管理者成长天空的自然延伸。其五，教师在助学生成长的同时，也在实现自我的成长；行政管理者在助教师成长的同时，也在实现自我的提升。学校管理者需努力营造让每一位教职员工感受在工作中再成长、再发展的环境，让学生同样感受和实现不同领域、不同评价坐标中的自我认可和价值。

### 1.1.2　两个关注

办好教育的关键在教师，所以第一个关注是"关注每位教师的发展"。教育的对象是学生，教育的终极目标是促进每位学生健康、全面而又有个性的成长，所以第二个关注是"关注每位学生的成长"。

#### (1) 关注每位教师的发展

于学校，教师是学校赖以发展的关键要素，是学校赖以生存的人力资源基础；于学生，教师以什么样的心态理解生活，就将以什么样的方式对待教学，这将决定着学生的品质和价值走向；于教师，他们作为独立个体的成长困惑与需求，他们的认知和情感理应被关注。对教师作为"人"和作为"教师"的双重身份的尊重与支持，做到师、生均"以人为本"，是我校在教师队伍培养上的基本遵循原则。我们允许老师们发出不同的声音，不管是教学、教育管理方面，还是自身成长方面；允许老师们发起有意义的自组织活动，学校根据实际情况提供时间、空间、资源等方面的支持；允许老师们的奇思妙想在校园里释放、传递与落地……我们希望在"市北初"的每一位老师不仅是有爱心的、负责的、进取的，还是有个性的和幸福的。这样的职场氛围有助于教师内心的充盈、有助于潜能的开发。教师的潜能是一种无形的资源，受教师认可的职场环境有助于把他们的潜能最大限度地发挥出来，实现对教育中有形资源的突破，在促进自己迅猛发展、实现自我价值的同时，实现个人、学生和学校的同步、可持续发展。

## (2) 关注每位学生的成长

"总有一片天空属于你",既指向我校所有学生全面而个性的共同成长,也包含了我校数学资优生这一特殊群体全面而个性的差异成长。

● 关注全体学生的成长

围绕学生健康快乐成长与可持续发展的办学目的,学校致力于培养有正确的价值观、有人文素养、有民族精神、品格高尚有抱负、基础全面有特长、言行端庄有礼貌、体格健壮有魅力的现代公民。回顾学校长期以来的努力和探索,我们梳理出以下经验:

其一,立足学生,科学设计,构建课程体系。结合我校课程改革的成果,进一步完善"轻负担、高效益、多类别、分层次、个性化"的课程体系,进一步体现"理科特色、人文相济、艺体科相辅、和谐发展"的课程特色,努力探索符合"市北初"办学风格和培养要求的课程,促使学校课程回归学生的现实生活,增强学生的体验感、判断力与实践能力,营造民主和谐的校园文化氛围与教学环境。

其二,落实目标,创设活动,促进学生成长。学校以"总有一片天空属于你"的办学思想为指导,注重人的道德规范及实践能力的培养,同时也包含了学生在学习生活和为人处世及更广泛的领域内的各项行为规范的养成要求和评价,引导学生成为"爱国、守法、文明、诚信、好问、乐读"的好公民。

其三,突出理科品牌,体艺科特色,彰显学生个性。学校始终坚持"张扬个性、创建品牌、播撒快乐、和谐发展"的育人目标,努力让每一个孩子都有一片属于自己的天空,努力为每一位学生的个性发展创造一个富有挑战性、支持性、成长性的空间。学校目前拥有排球、国际象棋、弦乐、合唱、头脑 OM、舞蹈、桥牌等市区品牌项目。学校在课余时间多渠道开展各项活动,着重依托社团建设,张扬学生个性,全面提升学生综合素养。

● 关注特殊学生的成长

这里所说的特殊学生,特指我校数学资优生(或叫数学特长生)。长期以来,数学学科是我校的优势学科,我校的数学资优生占学校全体学生的 5% 左右,看似比例不高,但结合资优群体本就稀少的客观现实,这一比例已算可观。教育公平不是教育平均,真正的教育公平是尊重每位孩子的差异,提供给他们适合的教育,让他们在现有基础上,包括智力基础、能力基础、成就基础等方面,能够获得更大的发展和突破。

数学资优生在学习、心理等方面既有与其他学生共性的特征,也有着比较明显的数学优势特征。所以,他们的成长,既需要共性教育,也需要个性化的定制教育。这是对他们个体差异的尊重,是对教育公平理念的践行,也是对国家拔尖人才相关政策与计划的落实。

国以才立,政以才治,业以才兴。国家与社会的发展,需要各级各类各层次的人才,需要培养和造就数以亿计的高素质劳动者,数以千万计的专门人才和一大批拔尖创新人才。随着人类社会发展至以科技发展、知识创新为核心的知识经济时代,世界各国之间的经济竞争、政治较量归根结底是以创新能力为核心的人才之间的角逐。对于拔尖创新人才的选拔与培养已经成为世界各国建设高等教育、提升国际竞争力的有效手段。"十四五"规划也明确指出:"坚持创新在我国现代化建设全局中的核心地位,把科技自立自强作为国家发展的战略支撑……深入实施科教兴国战略、人才强国战略、创新驱动发展战略"[①]。数学资优生虽是少数群体,却是能为社会、国家的发展与进步作出更大贡献的关键群体,如果他们的天赋未得到应有的重视和教育,不仅是学生个体的损失,更是国家和民族的损失。因此,无论是从国家发展战略的视角,还是从学生自身成长的视角来看,对资优群体的关注、选拔和培养都有着长足而重大的意义。

百花齐放,让所有孩子都能在学校教育中获得成长和快乐是我们的育人使命。和而不同,尊重差异、发展差异,追求高层次的教育公平,为潜质突出的孩子提供适宜的教育机会使其尽早脱颖而出、优势尽显,同样是我们育人的责

---

① 新华社.中华人民共和国国民经济和社会发展第十四个五年规划和 2035 年远景目标纲要[EB/OL]. http://www. gov. cn/xinwen/2021-03/13/content_5592681. htm.

任担当。

## 1.2 数学资优生教育的研究现状

创新拔尖人才在科技发展和进步方面意义重大,对整个国家和民族都会产生不可估量的巨大作用。因此,如何选拔和培养创新拔尖人才引起了越来越多学者的关注。特别是"钱学森之问——为什么我们的学校总是培养不出杰出人才?"的提出,杰出人才的培养问题一时间成为人们热议的话题。数学资优生是潜在的创新拔尖人才,是国家和民族不可多得的后备人才资源,是潜在的数学和科学研究人才,他们的选拔和培养是数学教育界必须要攻克的挑战。

### 1.2.1 关于数学资优生的研究

资优儿童指的是那些比同龄人在某一领域或多个领域有更强学习能力或者更好发展潜力的儿童。我国古代通常把天赋优异的儿童称为"神童",唐朝之后建立了"童子科"制度并据此对他们进行选拔和培养[1]。"资优生"这一概念最早是心理学家从智商角度提出来的。例如,美国心理学家推孟(Terman)把智商超过 140 的儿童称作"天才"。目前,关于资优生最有影响力的定义是美国资优教育研究学者兰祖利(Renzulli)提出的三环理论,他认为资优的定义包括三个方面,即高创造力、高度工作热情和中等以上智力[2],并提出资优儿童就是那些拥有或有能力发展这种特质组合,并将其施加于任何一个有潜在价值的表现领域的儿童。1983 年,美国学者加德纳(Gardner)提出了多元智能理论,指出在某一或某些智能方面具有特殊资质的学生也属于资优生。

数学创新型拔尖人才是指能在数学上作出重大创新的杰出人才。中学阶

---

① 盛志荣,周超. 数学资优教育[M]. 杭州:浙江大学出版社,2012.
② Renzulli J S. What makes giftedness? Reexamining a definition[J]. Phi Delta Kappan, 1978,60(3), 180-184,261.

段,主要是指数学资优生这一潜在优势群体。数学资优生又称为数学天赋生、数学英才生等。数学资优生一般具有学习进度快、深度掌握数学概念、对所学的数学课程有着浓厚的兴趣等特点[①]。盛志荣和周超指出,数学英才生应有较强的问题解决能力和推理能力、高度的创造力以及批判性思维能力。苏联心理学家克鲁切茨基(Krutetsky)对数学能力进行了长期的研究,探讨了数学能力的本质与结构,他认为数学资优生具有独特的综合数学能力,能够好而快地执行给定的任务,并能够对现有任务特征与之前经历过的活动特征进行比较[②]。他发现数学资优生很早就表现出钻研数学的强烈兴趣,在紧张的数学课中很少感到疲劳,有数学心理气质,喜欢用数学眼光看世界。还有一种提法是"数学天才",华裔数学教育研究学者蔡金法认为可以从两方面来理解:一种理解是数学成绩很好的人,另一种理解是数学素养高的人。他认为,资优(英才)生就是在很好地完成学校安排的课程基础上,有余力可以学更多内容的学生[③]。数学天才被许多研究者视为要有解决数学难题的能力,特别是以简洁漂亮的方式解决有挑战性的数学问题的能力,这被认为是数学天才的标志。

在数学考试中,成绩突出的不一定是数学天才,好成绩可以通过训练来获得。真正的数学天才即便不经过大量的反复训练,他们在数学上的综合表现依然会很出色。据此,我们认为,数学资优生是有着强烈的数学兴趣和好奇心,喜欢钻研数学且不容易感到疲惫,数学学业成绩优异且学有余力,善于且乐于解决有挑战性数学问题的学生。简单来说,数学资优生就是具有较高数学天赋的学生。

---

① 吴仲和. 美国数学教育改革与数学天赋学生培养的简略回顾——如何在鱼腹中发现珍珠[J]. 数学教育学报,2002,11(4):45-48.

② 克鲁切茨基. 中小学生数学能力心理学[M]. 赵裕春,李文湉,杨琦,等,译. 北京:教育科学出版社,1984.

③ 陈隽,康玥媛,周九诗,等. 基于中美比较视角谈职前数学教师的培养和英才教育——蔡金法教授访谈录[J]. 数学教育学报,2014,23(3):21-25.

### 1.2.2 关于数学资优生鉴别的研究

数学资优生教育是一个广阔的研究领域,涉及教材问题、师资匹配问题、教育制度问题等。数学资优生教育是我校的特色和优势,识别数学天赋较强的学生,并进行有针对性的教育培养是我们的一项重要任务。

苏联心理学家克鲁切茨基在数学能力方面进行了长期的、卓有成效的研究,其成果深刻地影响了中小学生数学能力的研究方法,获得了世界声誉。他认为,普通人经过努力可以成为一般的数学家,但是杰出的数学家一定是天生的。克鲁切茨基的研究表明,杰出的数学家不是仅仅靠努力就可以成为的,而是必须具有极为突出的天赋。也就是说,普通人即使再努力所能达到的高度也是有限的,要达到杰出的高度必须要有非常突出的天赋才可以。这说明不是任何学生都能被培养成杰出的科学技术人才、发明创造人才,教育应努力为潜在的杰出科学家提供适合其成长的土壤,提供发展成才的空间。而在此之前,首先要做好科学的早期鉴别工作。

正所谓"世有伯乐,然后有千里马"。千里马之所以能够脱颖而出离不开伯乐的识别和创造的成长空间。试想一下,如果没有熊庆来慧眼识珠发现华罗庚的数学天赋,华罗庚可能就没有机会进入清华大学,也就可能没有机会获得良好的数学学习和研究机会,更难说成为一代数学宗师。如果没有华罗庚发现陈景润的数学才华,陈景润可能就没机会进入中国科学院数学研究所,就不会获得良好的数学研究工作条件,更不会取得轰动世界的科研成果。所谓"千里马常有,而伯乐不常有",数学资优生的早期识别是一个复杂且困难的问题。一般来说,资优生的识别依赖于对"资优"的理解,但对资优的理解又是多方面的,可以从智力上理解,可以从学业成绩上理解,还可以从创造力的角度来理解,等等。目前,资优教育界对资优生的鉴别,通常要考虑资优生的学业成就、智力因素、非智力因素、创造力等多方面因素,提倡多种方法互相补充,从而提高鉴别的准确度。

中国及世界上许多国家鉴别资优生的方法多为传统的纸笔考试。这种资优生鉴别方式最常见、最简单,但弊端也较为明显。吴仲和认为,单纯用考试的方法来识别数学天赋学生是不完全的,也是不公平的[①]。因为许多真正有数学天赋的孩子在这种筛选下不幸被忽略。每位孩子都有其天赋,但表现形式是多样的,用单一的考试来衡量多样化的天赋是不科学的,也是不合理的。他认为,识别数学天赋学生比较科学的方法是把考试方法和教师的观察活动相结合。教师对数学天赋学生的观察、识别以及为此所做的决定是极其重要的,有时甚至会影响学生的一生。这种方式确实能在某种程度上弥补仅纸笔考试的不足,值得提倡。

兰祖利基于他总结的资优三环理论得出了鉴别资优生的六步法[②]。第一步是确定目标群体:从所有学生中选出 15% 进入准英才库,再经过各种标准测验,选 8% 的学生进入英才库;第二步是教师推荐:选出那些在标准测验中未获得高分但能力超常的学生;第三步是个别筛选:那些没有通过前两步,但很优秀的学生,可以通过毛遂自荐、同学推荐、创造性测试等方式提出申请;第四步是特殊案例提名:教师之前教过的英才生没有出现在英才库名单上,可向英才委员会提出申请;第五步是家长参与:学校组织家长会,告知他们英才库的遴选标准、三环理论以及学校的英才项目和政策等;第六步是学生自荐:若学生在资优生鉴别中表现出非凡的创造力或执着力,将会通过这一关进入英才库。

唐盛昌和冯志刚根据多年来对数学资优生案例的研究提出了识别数学资优生的三维指标鉴别法[③]。第一,数学的领悟力与深刻性:通过对数学模式的迁移、数学方法的迁移、数学思想的迁移以及数学创新与突破这四个方面来判别学生对数学的领悟力与深刻性;第二,数学的痴迷度与专注度:通过对释疑

① 吴仲和.美国数学教育改革与数学天赋学生培养的简略回顾——如何在鱼腹中发现珍珠[J].数学教育学报,2002,11(4):45-48.

② Renzulli J S. The Three-Ring Conception of Giftedness: A Developmental Model for Promoting Creative Productivity [A]. In: Sternberg R J, Davidson J E. Conceptions of Giftedness [C]. New York: Cambridge University Press, 2005.

③ 唐盛昌,冯志刚.数学英才的早期识别与培育初探——基于案例的研究[J].数学通报,2011,50(3):11-15,18.

的坚持性、探究的坚持性、成败的坚持性以及完美的坚持性来判别学生对数学的痴迷度与专注度;第三,数学思维的缜密性与跳跃性:数学高天分学生,有一个鲜明的特点,就是他们在思维的缜密性与跳跃性上紧密结合。要想获得新的思路、想法,往往需要思维的跳跃性,而这种跳跃性需要思维的缜密性作基础。

总的来说,数学资优生的鉴别不是一件容易的事情。尽管多种评价方法的综合使用能够更加准确地鉴别资优生,但操作起来并不容易,所以资优生的科学鉴别还需要集中专业力量持续研究、探讨和尝试。

### 1.2.3　关于数学资优生培养的研究

中学阶段是资优生的世界观、价值观形成的重要时期,也是成长的关键期。所以,资优生对某个专业领域的兴趣与创新意识应该从青少年时代就开始培养。杰出人才的培养一方面需要"伯乐"识别出潜在的具有较高天赋的科学技术研究人才,另一方面还需要教育界甚至整个社会提供杰出人才的成长空间,并默默等待潜在的杰出人才,成长为真正的杰出人才。

中华人民共和国成立后,我国资优生教育主要有两条途径:一条是开设大学少年班,招收少年大学生,直接培养科学技术研究人才;另一条是举办数学竞赛等学科竞赛活动,培养数学等学科相关的研究人才[①]。大学少年班是我国古代神童教育的进一步发展和完善。1978 年,中国科技大学率先招收了 88 名少年大学生。这件事情经全国各大报刊报道后,引起了巨大轰动。然而,这些"神童"有相当一部分后来并没有达到当初的教育预期,甚至离预期的培养目标还有段距离。数学资优生教育还有一条途径是数学竞赛教育。现在国内最高级别的中学生数学竞赛始于 1986 年的中国数学奥林匹克(Chinese Mathematical Olympiad,简称 CMO),我国的国际数学奥林匹克(International Mathematical Olympiad,简称 IMO)国家队队员也都是通过 CMO 选拔出来的。通过 CMO

---

① 熊斌,丁玖. 天赋之才该如何培养? 中美两国数学资优教育之比较[EB/OL].［2021－01－23］. https://www.163.com/dy/article/G11DR06405327918.html.

和 IMO 等数学竞赛活动,我国选拔出了一大批潜在的数学与科学研究人才。目前,许多 CMO 和 IMO 的优胜选手已经走到了科学研究的第一线,并取得了相当突出的科研成果。

**(1) 教学策略与数学资优生的培养**

数学资优生是一个极为特殊的群体,他们在智力、思维、个性等方面的独特性,对教师提出了更高和更具针对性的要求,需要教师们在教学策略、方式等一些方面下足功夫。因材施教是资优生教育中的常用策略,关于如何因材施教,兰祖利总结了对数学天赋学生有效教学的四点内容[①],他认为,教师必须认识到每一个学生的思维方式是独特的,即不同于其他人。当学生喜爱他们所学的内容时,其学习的效果会变得更有效。当学习的内容与学生所处的环境以及他们的生活经历相关时,他们的学习兴趣就会提高。对于数学天赋学生,教师的角色是协助他们使用正确的方法和相应的附加资源。在数学教育改革的今天,教师对数学教与学的信念也应随之变化,这种变化的信念指导着教师的日常授课。

唐盛昌和冯志刚根据之前二十年在上海中学对数学资优生教学的经验,提出了培养数学资优生的三个策略[②]。第一,采用"1+$n$"的导师带教方式。对有数学高天分的学生安排一名数学教师作为长期带教的核心教师,同时整合校内和校外数学教育的团队智慧共同培养。第二,建立学生团队开展学习风暴式的合作交流。集聚数学学习能力相仿、志同道合、各有特点的学生组成学习团队,开展学习风暴式的合作交流。让多个实力相仿的高天分学生在一起学习,相互竞争又共同合作,推进高端达成。第三,注重学生数学发展的可持续性。处理好数学资优生一般智力发展与特殊智力发展的关系;处理好数学学习与科技素养、人文素养提升的关系;协调好高天分学生成长的短期目标和

① Renzulli J S. The Three-Ring Conception of Giftedness: A Developmental Model for Promoting Creative Productivity [A]. In: Sternberg R J, Davidson J E. Conceptions of Giftedness [C]. New York: Cambridge University Press, 2005.
② 唐盛昌,冯志刚.数学英才的早期识别与培育初探——基于案例的研究[J].数学通报,2011,50(3):11-15,18.

长期目标,形成基于数学领域的人生发展追求。

这些经验和探索对我校在数学资优生培育的教学策略、方式的思考与试行上都有启发价值。

### (2) 学习材料与数学资优生的培养

数学资优生是一个特殊的群体,这些特殊的学生需要特别设置的课程,特别编写的学习材料。他们不仅对数学的理解更加深刻,且学习速度远超常人,常常处于"吃不饱"的状态。一些西方发达国家为了满足数学资优生的教育需求,开发了多种多样的材料、项目及课程[①]。例如,张英伯等比较了美英法等国资优生教育的内容,发现其资优生课程内容的深度和难度远远超过中国学生[②]。郑笑梅等在中美数学英才课程的比较中也发现,中国的英才课程不仅资源匮乏而且缺乏整体设计和制度保障[③]。可以说,在普通课堂里教师面对数学资优生,必须具备相应的知识和能力,采用更富有挑战性的学习材料才能满足资优生的需求。吴仲和认为,数学天赋学生的教育要让学生有机会寻求高水平的数学知识,有机会寻求数学中最感兴趣的东西,有机会去寻求超出一般教学大纲的附加材料[④]。丁玖和叶宁军认为,数学资优生求知欲旺盛、精力充沛,完全可以在中学阶段提前学完中学的课程,进而学习大学的有关课程甚至更高层次的现代科学、人文知识,不浪费自己天生的好资质,不耽搁自己强烈的上进心[⑤]。他们指出,如果我们的初等教育理念还是停留在"一切为了高考"的独木桥上,那么一部分资质优异的中学生虽然也能考上大学甚至名校,但大学前为了高考死记硬背的痛苦经历,可能对他们的心灵甚至求知的态度留下伤害,以

---

① 张偶,曾静,熊斌. 数学英才教育研究述评[J]. 数学教育学报,2017,26(3):39-43.

② 张英伯,李建华. 英才教育之忧——英才教育的国际比较与数学课程[J]. 数学教育学报,2008,17(6):1-4.

③ 郑笑梅,姚一玲,陆吉健. 中美数学英才教育课程及其实践的比较研究[J]. 数学教育学报,2021,30(4):68-72,88.

④ 吴仲和. 美国数学教育改革与数学天赋学生培养的简略回顾——如何在鱼腹中发现珍珠[J]. 数学教育学报,2002,11(4):45-48.

⑤ 丁玖,叶宁军. 高数学天赋的孩子应该获得怎样的教育[EB/OL]. [2019-10-18]. http://www.mathchina.com/bbs/forum.php?mod=viewthread&tid=1185573.

至于可能会阻挠他们日后的发展。一些发达国家从中小学就开始挖掘人才，到了高中，更是想方设法地喂饱、喂好那些既绝顶聪明又有鸿鹄之志的人才。所以，如何立足国情、立足当前教育实际，尽可能给这些资质优异的孩子打开充分释放潜能的通道，积极地向科学前沿冲击，让中国科学界能够冒出更多拔尖人才，这是迫在眉睫的问题，也是这些学生早期教育阶段就要着手解决的问题。

数学资优生的教育必须要适应人才成长的规律。我们需要设计别具一格的、适切的教材来满足资优生成长的智力需求。那么，怎样开发呢？基于多年数学研究的经验，丁玖等认为可以"把现代数学的一些思想和理论下放到高中作为初等数学教学的补充和提高"[1]。这是一项十分有挑战性的工作，但这样的工作非常有现实意义，也有助于尽早用先进的数学思想丰富数学资优生的大脑，有助于帮助数学资优生尽快走向当代数学的前沿阵地。目前，我校在数学资优生教学材料方面已经积累了较为丰富的资源，出版了系列数学资优生教学与学习用书，这些书籍受到了资优生及有意愿提升数学表现和成绩的学生广泛欢迎。

### (3) 非智力因素与数学资优生的培养

数学资优生的培养不仅要关注智力因素，还要重视好奇心、兴趣、热情、意志等非智力因素。一个人成就的大小，很多时候情感、意志、人际关系等非认知因素所起的作用比认知因素还要大。数学资优生的成才不仅取决于智力因素，情感因素也发挥着重要甚至决定性的作用[2]。基于此，有学者提出应特别注重数学英才情感因素的培养[3]，认为要注重激励资优生的斗志，锻炼他们的毅力，鼓励发展各种兴趣爱好，培养文体活动鉴赏力和表现力，培养高尚的道德情操和良好的习惯。若长期将大量时间花在复习备考、反复操练数学技巧上，很可能会使学生对基础数学的精神和兴趣丧失殆尽，而且这样"训练"出来

---

① 丁玖，叶宁军. 高数学天赋的孩子应该获得怎样的教育[EB/OL]. [2019-10-18]. http://www. mathchina.com/bbs/forum.php?mod=viewthread&tid=1185573.

② 唐盛昌. 聚焦志趣、激发潜能——上海中学高中生创新素养培育实验研究[J]. 教育研究，2012，33(7)：144-155.

③ 肖骁. 培育数学英才的实践与探索[J]. 数学通报，2013，52(4)：9-11.

的学生只能跟着别人的脚步，缺乏创新能力①。他建议集中精力培养一批特别有才华、有浓厚数学兴趣的年轻人，从少年开始就接受数学大师的熏陶。他还特别指出培养世界级的大师，即使找不到世界级大师来教授，也不能相差太远。目前，清华、北大等顶尖名校的强基计划正是希望招收"有志向、有兴趣、有天赋"的资优人才，从小培养基础科学的创新研究人才。

陆一和冷帝豪通过对一千多名参与基础学科拔尖人才培养项目的大学生调查分析发现，拥有"竞赛获奖""完成科创""提前涉猎"三种中学超前学习经历的拔尖学生在创新潜质等方面表现得更加优秀。还发现，竞赛生的大学成绩显著优于非竞赛生；兴趣型竞赛生在各方面表现更优，功利型竞赛生的学习动力弱于兴趣型竞赛生，甚至不如对科学感兴趣的非竞赛生②。这个发现充分说明兴趣型竞赛生更有可能成为创新拔尖人才。中小学数学教育需要培养更多的热爱数学的学生。当一个人从事热爱的事业，内心会充满激情，会体验一种强烈的使命感，这将大大促进其才能的发展并取得远超常人的成绩。著名数学家丘成桐也这么认为。他说："对孩子们来说，学到多少知识并不见得最重要，兴趣的培养才是决定其终身事业的关键。"③如果孩子们对于见到的事物、阅读过的文章和书籍都没有兴趣，不愿意寻找有意义的研究问题，那么这些学生就很难有创新意识。所以，要重视和加强学生的创新能力培育，鼓励学生敢于质疑问难。

总的来说，无论是大学少年班教育还是数学竞赛教育都是我国数学资优生教育的有益探索。哈佛大学物理教授、中国科技大学少年班学院 1996 级学

---

① 丘成桐. 培养数学人才之我见［EB/OL］.［2021 - 12 - 14］. http://www. mathchina. com/bbs/forum. php?mod=viewthread&tid=2049518. 本文源自丘成桐院士于 2021 年 11 月 20 日在怀柔综合性国家科学中心第二届雁栖人才论坛演讲的讲稿.
② 陆一, 冷帝豪. 中学超前学习经历对大学拔尖学生学习状态的影响［J］. 北京大学教育评论, 2020, 18(4): 129 - 150, 188.
③ 丘成桐. 关于数学教育的意见［EB/OL］.［2020 - 12 - 15］. http://www. mathchina. com/bbs/forum. php?mod=viewthread&tid=2044257. 本文整理自丘成桐教授于 2020 年 12 月 7 日在北京雁栖湖举行的 2020 年清华大学全国重点中学校长会暨 2020 年基础学科拔尖人才衔接培养论坛上的演讲稿.

生尹希肯定了少年班的价值,认为:"人最有创造力的阶段是青少年时期,大学少年班的存在给了中国青少年更多的选择。"无论是大学少年班还是数学竞赛等学科竞赛都需要参与者具备相当的天赋。但仅有天赋还不够,资优生的发展还需要勤奋,需要科学有效的指导。正如丁玖和叶宁军所说:"首先是天赋引向兴趣,然后是高强的天资加上勤奋的用功,并辅之以'资优生教育'所带来的'事半功倍'功效,最后一棵好苗子才有可能尽快长成参天大树。"[①]在目前我国资优教育理论和实践研究成果不太完善的情况下,我们还有很长的一段路要走。我校围绕数学资优生综合素养培育开展长期相关实践研究,并完成了相关课题《初中理科资优生综合素质培育的实践研究(2014—2016)》的申报与结题,其目的是帮助有可能成为未来精英的这部分学生的成长与发展,为此而进行了课程资源的调整及完善、特色校园文化的建设、教育数学策略的优化等,为帮助他们成为人格健全、富有责任感、不轻易被挫折击败的人,起到了良好的作用,相信也会为更多其他类型的资优生教育教学提供借鉴与帮助。

### (4) 教育环境与数学资优生的培养

人才流失是我们面临的一个严重问题。在数学领域,资优生教育的落后是导致科学技术创新人才匮乏的主要原因之一。因此,我们需要加强资优生教育,提高数学教育水平,培养更多的高水平人才。同时,我们也需要创造更好的研究环境和氛围,营造良好的学术风气。这可以通过加强科研经费投入、完善科研评价机制、提高科研人员的待遇等方式来实现。此外,我们应该更好地保护知识产权,提高国内优秀科技创新成果的转化和应用能力,鼓励创新创业,吸引人才留在国内。最后,提高对中国文化的认同也是一个重要的方面。我们应该加强对中国传统文化的教育和传承,让人才在深刻理解中国文化的基础上更好地为国家的发展作出贡献。

陈隽等提到,资优生的数学教育不仅需要提供给他们特殊的教育资源,更

---

① 丁玖,叶宁军. 高数学天赋的孩子应该获得怎样的教育[EB/OL]. [2019 - 10 - 18]. http://www. mathchina. com/bbs/forum. php?mod=viewthread&tid=1185573.

需要创设适合他们发展潜能的培养环境①。吴仲和指出英才生的教学应该创设出适合他们发展的教学情境,随时调整教育教学内容帮助他们进步和发展。教师施教于数学天赋学生,还应表现在创设一种适合于数学天赋学生学习的课堂环境。这种环境,应能使每一个学生,都能有效地在基于他们自身的知识水平上,学习新的知识,有助于数学天赋学生获得更多的机会,去寻求他们自己感兴趣的数学知识。我们来看两个例子。

华罗庚 16 岁因为家贫辍学,但他人穷志不穷,在帮父母打理杂货铺的同时还不忘发奋钻研自己痴迷的数学,19 岁即发表了自己的第一篇论文,后来论文受到清华大学教授熊庆来的好评。清华大学破格聘请华罗庚担任图书管理员,在那里华罗庚得以接触到许多大家的原典、名著,并依靠钻研这些名著打下了坚实的数学基础。在清华的五年中,他硬是边工作边学习,完成了从初中生到助教再到讲师的惊人转变,后来到英国留学,接触到了国外数学研究前沿,极大地开阔了眼界,在一年的时间里就发表了十一篇论文,成为数学天空中一颗耀眼的明星。

钱学森曾提到:“在我一生的道路上,有两个高潮,一个是在师大附中的六年,一个是在美国读研究生的时候。”②钱学森在北京师范大学附属中学读的中学,在那里学生们既专心学习,也尽情玩耍,不做临阵磨枪的事,也不追求满分。校长林励儒制定了一套以启发学生智力为目标的教学方案。在他的领导下,附中的教与学弥漫着民主、开拓、创造的良好风尚。学生知识面广,求知欲强,把学习当成一种享受,而非负担。钱学森后来回忆,在中学听傅种孙老师的几何课,使他第一次得知什么是严谨的科学。在美国读研究生时,发现整个加州理工学院校园弥漫着创新的学风,学术气氛非常浓厚,学术讨论会十分活

---

① 陈隽,康玥媛,周九诗,等.基于中美比较视角谈职前数学教师的培养和英才教育——蔡金法教授访谈录[J].数学教育学报,2014,23(3):21-25.
② 陈磊.创新型人才是怎样炼成的——重读钱学森(上)[N].科技日报,2007-12-10.

跃,想要创新,自己必须想别人没有想到的东西,说别人没有说过的话,在这样的环境下脑子一下就开了窍,在很短时间里就取得了突破性进展。

数学天赋、对数学的兴趣吸引着华罗庚不断深入自己的研究,而当天赋、兴趣和积累遇到更广阔的天地时,思路、想法将如同喷泉一样迸发,帮助他取得更大成功。从钱学森的例子中可以看出,潜能和创意的激发需要民主、向上的教育生态,需要强强互促的浓郁氛围,在这里,人的天赋得以充分释放,超乎自己想象的"超常"发挥不断涌现,一个个突破性的成就带领着身处其中的每个人从优秀走向卓越。

试想,如果学生的突发奇想、奇思妙想能够得到周围同伴、老师乃至学校的回应、肯定与支持;如果能在学校里找到志同道合的朋友,大家可以围坐在一起辩论一道题目、一个"定论"、一个发现,共同探讨数字和公式背后的奥秘与美丽;如果哪次竞赛失利,有人能够陪伴和引导其找到原因,给予不断前行的勇气和力量;如果有人带领着他们去领略数学的美妙与神奇、超逻辑与理性、科学性与艺术性,带领他们感受数学中神圣的力量,带领他们去探寻宇宙的奥秘……在这样的环境和氛围下,这批资优生将会保持良好的成长状态,他们的成就将会是不可估量的。

数学资优生的教育需要营造出鼓励"独特、创新能力"的环境与土壤,如此才能促使杰出人才不断冒出来。作为一所初中,能够在力所能及的范围内提供怎样的环境,包括人文环境、学习环境、研究环境以及硬件环境资源等,来调动和保护好这些孩子的兴趣、充分挖掘和释放他们的优势潜能,使他们有勇气和信心在自己的优势领域持续发光发热,对数学、对未来充满干劲和期待,这是我们一直以来的思考和尝试。

## 1.3 │ 数学资优生早期培养的实践探索

资优生群体是未来国家栋梁的潜在人群。培养拔尖创新人才,要从小抓起、从基础教育抓起，把脉学生基础、捕捉深层诉求、提供适合教育，保护兴趣、释放潜能，为将来作出更大的贡献奠定坚实基础。数学资优生的培养不仅需要理念，更需要扎扎实实的实践。教育对象的特殊性，会直接触及学校原本的教育和管理体系，对教育管理机制、教材与课程、教育教学策略与方式、教师素养等提出新的要求，新要求、新需求需要新思考和新尝试。

### 1.3.1 背景：三个层面的内外驱动

#### (1) 对接国家重大战略需求，培养拔尖创新人才

国际竞争就是人才竞争，创新驱动就是人才驱动。上海市作为改革开放的排头兵、创新发展的先行者，正积极创建具有全球影响力的科创中心。基础教育时期是培养拔尖创新人才的关键期，我校有必要对学校多年的资优生教育实践进行总结与提炼，为更大范围内识别与早期培养数学拔尖人才提供参考，这是学校践行"为党育人、为国育才"的初心使命，也是"立足上海、服务上海、服务上海教育"的初心使命。

#### (2) 立足学校特色发展需求，探索深化改革路径

国家支持学校因地制宜，办出特色，办出水平。在建校之初，我校以数学竞赛为突破口，逐渐成长为享誉全区乃至全市的竞赛强校。作为上海市首批素质教育实验校，学校数学教育取得了一些成绩。学校当前正在回顾与总结数学资优生培养的经验并反思存在的问题，思考改进数学资优生培养的着力点，同时也为其他学校开展拔尖创新人才培育提供可借鉴的思路，避免出现类似的问题。

#### (3) 服务学生潜能开发需求，实现健康全面发展

《中国教育现代化2035》提出要更加注重因材施教。坚持学生立场，为每位孩子提供适合的教育，让每位孩子都能变得更好，是我校一贯的教育立场。每位孩子都是天生的成功者，教育需尊重孩子的差异，对于那些具有数学发展潜力的资优生，学校需要遵循教育规律和学生成长规律，积极探索，提高学生数学思维品质，形成稳定的人格结构和健康的道德品质，促进其数学潜能生长。

### 1.3.2　问题：三个基本设问的展开

**(1) 特征与标准：如何识别数学拔尖人才**

要给予数学拔尖人才合适的教育，前提是及时发现、客观识别和科学鉴别数学拔尖人才。这就需要准确回答：数学拔尖人才在早期到底具备什么特征？他们对学校教育有着什么样的需求？这对于数学拔尖人才的早期培养至关重要。

**(2) 路径与方法：如何培养数学拔尖人才**

在识别数学拔尖人才的基础上，如何对这类特殊群体因材施教，即给予数学拔尖人才合适的教育成为重点和难点。究竟有哪些路径和方法可以用来培养数学拔尖人才，不仅是世界各国教育致力研究的热点问题，也是学校教育关注的实践领域。

**(3) 支持与保障：如何服务拔尖人才培养**

拔尖人才培养离不开高素质的教师队伍、宽松的制度环境和多样化的教育资源等。在拔尖人才早期培养过程中，学校如何通过师资培养、制度建设、资源整合等方面的实践探索，为拔尖人才培养提供肥沃的土壤，使他们脱颖而出、茁壮成长，是拔尖人才培养顺利实施的重要保障。

### 1.3.3　价值：拔尖人才培养的多维审视

**(1) 回应时代和国家对拔尖创新人才的呼唤**

拔尖创新人才处于创新人才的顶端，对国家的自主创新、可持续发展起着关键性的引领作用。2018 年 1 月，在国务院常务会议上，时任国务院总理李克强指出："无论是人工智能还是量子通信等，都需要数学、物理等基础学科做有力支撑。我们之所以缺乏重大原创性科研成果，'卡脖子'就卡在基础学科上。"想要发展创新产业、尖端科技，光有资金投入是远远不够的，没有基础学科的支持，没有尖端人才的推动，前沿产业的发展也就成为无源之水、无本之木。从学生成长规律来看，的确会存在一批天资聪颖的孩子，对于他们应早发现、早培养;从教育科学的角度来看,拔尖创新人才必备的许多重要素质是在基础教育中培养和发展起来的,这一点理应受到重视。

(2) 为数学拔尖人才的识别提供参考标准

国际上,通过量表、表现性评价、档案袋等方法识别儿童和青少年在智力、创造力、特殊学术能力、领导力、视觉艺术的超常表现等,积累了较为丰富的经验。我国目前对包括数学拔尖人才在内的超常儿童识别研究较为薄弱,更多地局限于学校内部的独立探索。我校在长期的数学教育过程中对于数学拔尖人才的特征有着较为丰富的感性认识,并将这些感性认识进行理性分析与提炼,为进一步研究做了一些基础性的工作。

(3) 为数学拔尖人才的培养提供实践范式

英、美、德、新加坡、以色列等国家均建立了较为完备的英才教育体系。国内关于数学拔尖人才识别和培养的研究与实践更多集中在高中阶段,义务教育阶段的相关实践和研究较少。我校在数学拔尖人才的早期培养方面进行了多年的实践探索与经验积累,现将这些经验和案例进行科学分析和理性总结,供其他学校参考借鉴。

(4) 为学校的特色发展提供经验与方法

为适应新时代多样化、创新型人才培养需要,发掘和培育学校特色,促进学校特色发展,已是必然趋势。我校在长期的数学拔尖人才培养实践中,积累了一定的办学经验,数学拔尖人才培养已成为学校的办学特色,学校整体办学质量得到明显提升,在上海已经产生了广泛的影响。现总结和推广学校办学经验和做法,供其他学校参考借鉴。

### 1.3.4　探索:基于问题解决的实践

(1) 科学识别

对数学拔尖人才及其发展需求的科学识别是确保并不断提升数学拔尖人才培养的关键前提。

● 数学拔尖人才的早期识别

首先,坚持从教育教学过程中发现学生。对拔尖人才的早期发现不应只是凭借一次测试、一次面谈或者一个活动就可以得出判断,要给予学生适切的教育,就需要持有发展的眼光,动态地把握学生数学潜能的生长状况。学校鼓励教师在日常教育教学过程中,用心观察学生在认知、情感、态度与价值观等方面的表现,发现学生在智力因素与非智力因素两方面的个性特征,并予以动态追踪。

其次,从数学能力、学习动机和创造性思维方面识别学生。拔尖人才在早期绝非只是智力超群的孩子,结合国际上对超常儿童的研究和老师们多年的用心观察,学校选择将数学能力、学习品质、高阶思维能力和创造力作为拔尖人才早期识别的基本框架,从中总结和提炼出数学拔尖人才的基本特征(表1-1)。

表1-1 数学拔尖人才的早期特征

| 数学能力 |
| --- |
| 1. 自学能力强,主动寻找国内外有关竞赛的书籍阅读。 |
| 2. 通常对于数论、组合、复杂几何图形这类问题比较感兴趣。 |
| 3. 关注数学概念的形成过程并进行较为独特的解释,思维严谨。 |
| 4. 擅长概括数学知识,解题方法特殊。 |
| 5. 对数学问题有自己的见解,经常能提出一些高质量的数学问题。 |
| 6. 数形结合的能力非常强。 |
| **学习品质** |
| 1. 对数学充满好奇与热爱。 |
| 2. 求知若渴,具备极强的钻研精神,喜欢问为什么,对问题的研究孜孜不倦。 |
| 3. 具有不服输的精神,克服困难以及持之以恒的能力超出常人。 |
| 4. 喜欢主动地和老师、同学探讨数学问题。 |
| 5. 注重积累,错题笔记整理规范,学习习惯好。 |
| 6. 拥有自信的心态和高成就动机。 |

| 高阶思维能力与创造力 |
| --- |
| 1. 善于归纳、总结、应用各种学过的数学知识，擅长在不同知识点或题型之间建立关联，以寻找多种数学解题方法为乐。 |
| 2. 乐于并善于举一反三，能创造性地解决问题。 |
| 3. 注意力、记忆力、理解能力和推理能力明显高于同龄人。 |

- 识别数学拔尖人才对学校教育的需求

让学生参与决定自己的学习过程是最重要的，因为学生有责任塑造自己的学习过程。数学拔尖人才具有一定的共性，也有一定的个性，不同特点的学生有着自己偏爱的学习方式，对学校教育有着不同的需求。总体来说，具体包括在以下几个方面，如表1-2所示。

表1-2　数学拔尖人才对学校教育的需求

| 对学习任务的需求 |
| --- |
| 1. 渴望参加权威性的比赛取得成绩证明自己。 |
| 2. 渴望参加一些数学专题的高级培训，获得关于数学组合、数论等领域的指导。 |
| 3. 能更多地接触到需要更高层次思考的问题，这些问题需要批判性思维来获得有意义的答案。 |

| 对老师的需求 |
| --- |
| 1. 具有过硬的数学知识与能力，能够引领其发展。 |
| 2. 善于激发学生思考，为学生分配一些符合"最近发展区"的题目，如发散性问题、数学小论文等。 |
| 3. 注重培养学生对几何图形的生成过程和多种思路解题的发散思维能力。 |
| 4. 尊重学生个性化的学习特点，允许甚至鼓励学生按照自己的节奏学习。 |
| 5. 有机会的话可请一些专家、名师对有更高需要的拔尖生进行指导和帮助。 |

| 对学习氛围的需求 |
| --- |
| 1. 定期参加一些数学活动，和志同道合的同伴进行交流碰撞。 |
| 2. 拥有展示能力的平台，满足成就动机，如在学校或教师公众号上发表数学小论文、担任班级数学学习能力组长带领其他同学共同进步等。 |
| 3. 拥有平等、信任、相对自由的学习氛围。 |

### (2) 因材施教

真正的教育公平是因材施教。学校在数学拔尖人才的培养过程中，始终在聚焦学生知识基础和个性特征的基础上，思考与探索学校课程设置、课堂教学、文化活动和学生指导的教育性、针对性和有效性。

● 课程体系

我校的数学课程设置以基础型课程为主，拓展型课程、研究型课程为辅，一周课时分别为 4 节、2 节和 2 节（表 1 - 3）。

表 1 - 3　数学拔尖人才培养课程体系

| | 原则 | 方法 | 重心 |
|---|---|---|---|
| **基础型课程** | 基础性、奠基性 | 集中讲授 | 基本概念、基本知识、基本方法和基本技能 |
| **拓展型课程** | 针对性、差异性 | 小班化教学 | 延伸、拓宽、加深初中数学知识 |
| **研究型课程** | 研究性、应用性 | 专家指导<br>分层讨论 | 数学专题研究、数学小论文撰写、数学建模和计算机编程 |

基础型课程强调数学基础知识、基本技能、基本思想和基本活动经验，注重厚实的数学基本功的养成。学校在通行的数学教学知识体系基础上，形成具有典型校本特色的拔尖人才教学讲义。讲义编排力图凸显数学知识的逻辑性、数学原理的背景、数学研究的趣味和数学逻辑的严谨。遵循学生认知规律，以集中讲授为主，由浅入深，激发数学求知欲，打牢数学基本功。

拓展型课程聚焦数学思维品质，注重数学学习进度、难度、深度和广度，针对更高层次学生旺盛的学习精力、强烈的求知欲望和超常的学习能力与水平，延伸、拓宽、加深初中数学知识，提出更高更快更个性化的学习目标。学校在教学内容上形成差异化教学目标与教学内容，在教学形式上以小班化教学为主，在教学方式上注重集中授课与探究活动的结合。

研究型课程关注数学与生活的紧密联系，强调数学学习的研究性、应用性。通过专家指导、分层讨论等开展数学研究，撰写规范的研究报告或论文，培养从事数学研究、参与数学研讨的基本能力；加强数学知识与方法应用，鼓励学生参与数学实验、数学建模和机器人编程等数学应用场景。关注数学抽象、数学推理、数学建模、数据分析等数学学科核心素养。

● 课堂教学

课堂教学是数学拔尖人才培养的主要领域。学校利用课堂教学改革，着力培养学生数学意识、思维品质和创新能力，鼓励学生灵活运用数学观念观察、揭示和表达事物关系，并树立坚韧有力、自信自立地解决问题的能力。

坚持四条教学原则。一是生成性，即既重视知识与方法的掌握过程，强调思维乐趣本身的体验，强调将数学语言的特殊性、知识的内在联系、概念的深刻内涵、数学应用的生动体现融入课堂教学中。二是针对性，即根据学生的不同需要提供知识、方法、意志或心态等方面的针对性指导。三是交互性，即以教师讲授、学生自讲、学生研讨、相互提问等形式激活数学拔尖人才的思维活力，鼓励费曼法等学习方法的课堂使用，分享彼此的学习所获、学习所见和学习所悟。四是多样性，即通过自由选用自主探索、小组研讨、动手实践、合作交流、阅读自学等形式，最大限度发挥学生的自主性和创造性。

聚焦三个教学焦点。一是注重学法指导。根据学生特点和阶段性教学任务，分四次向学生做学法指导，形成一个螺旋上升的学法指导体系：在六年级第一学期，引导学生领悟小学到初中的思维层次性转变；在七年级第一学期，引导学生理解思维的多面性，区分有效思维和无效思维的具体表现；在八年级第一学期，引导学生理解分析、综合、归纳等数学方法，及数学探究、数学试验的重要性；在九年级第一学期，引导学生理解"知识—方法—能力"的转化与进阶。二是强调数学方法。如概念回溯，明确数学概念的形成与推理过程，在数学问题的解决中回溯概念的内涵与本质；具象化，将抽象的数学问题向具体材料、具体问题、具体情境转化，再将具体问题向抽象过渡，掌握"抽象—具体—再抽象"的数学研究方法；数形结合，领悟数学图形的具体性和直观性，掌握数学语言、数学符号向数学图像转换的方法与技巧。三是强调对学生元认知能力的培养。目前，已经形成三条主要途径，即自导自读法、自疑自检法、自评自悟法(见图1-1)。

| 自导自读法 | 自疑自检法 | 自评自悟法 |
|---|---|---|
| 在"确立目标自学—导读学法达标—反馈练习评价"的教学模式，教师帮助学生明确学习目标，示范与推荐学习方法，引导学生自我监测与调整学习思维活动。 | 要求学生在学习过程中自我设问、自我解答，最终实现自我检查，帮助学生厘清思路，提高学习过程中的自我控制力。 | 鼓励学生在课堂中开展自评与互评，对照学习目标，进行自我"解剖"，找出学习中的经验与问题，调整形成下阶段的学习目标或方法，形成自我反馈的习惯。 |

图 1-1　市北初级中学培养学生元认知能力的三条途径

同时，形成两种教学模式。

模式一：情境—抽象教学模式。主要由具体情境起步，经猜想、推理、验证、应用和提炼等步骤构成，用情境化与符号化来提升学生的数学抽象能力，其结构如图 1-2 所示。

图 1-2

模式二：深度学习教学模式。主要由问题驱动、几何联想、深化拓展等步骤构成，用几何联想教学法培养学生直观想象能力，其结构如图 1-3 所示。

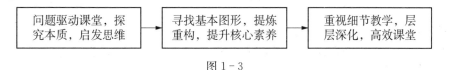

图 1-3

我校在奥苏伯尔（Ausubel）提出的"数学学习分类"方法基础上，结合丰富的课堂案例，将中学数学课型分为三类：概念教学课（主要解决数学概念问题）、命题教学课（主要围绕数学公式和数学定理展开）、解题教学课（主要围绕例题和习题展开）。

● 学生指导

针对资优生在知识与能力、过程与方法、情感态度与价值观方面的不同，学校建立起一套个性化的数学资优生培养体系,除了在教学内容、教学方法、教学方式上的个性化设置外,还十分重视数学资优生的非智力发展因素,尊重教育规律和学生身心发展特征,关注学生性格与背景的差异,注重与每一个数学资优生充分沟通,运用心理学等多学科方法鼓励、支持其全面发展。

### (3) 系统保障

拔尖创新人才的培养如同种子,只有在适合的温度、湿度和光照条件下才会破土而出、茁壮生长。学校教育的任务就是提供适宜的环境和条件,为人才培养提供充足的保障。

● 为资优生培养提供高质量的师资队伍

资优生的培养离不开一支优秀的创新型教师队伍。学校加强校本培训、教科研工作和青年教师、骨干教师培养工作,通过站好讲台、搭设平台、创设舞台等多种方式,使校内研讨、校外交流、专家指导形成常态,着力培养拔尖教师。

站好讲台,坚持手写教案。数学教研组对教师提出了夯实基本功从立规手写教案做起的要求,并在此过程中狠抓落实,要求每周上传教案,并有专人检查,及时交流反馈,最终形成共识。目前教师团队中的每一位教师都有了一本属于自己的手写教案集,为自身业务成长打下了坚实的基础。

搭建平台,促进思想碰撞。教研组依托数学组办公室特有的大黑板,开展教研、讨论和学习,实现教学相长。在青年教师培养方面,除教研常态化之外,定期开设青年教师解题说专题研讨活动,在交流探讨中实现思维和实践的碰撞与提升。

创设舞台,加速教师成长。鼓励教师特别是青年教师参加学校常态化的赛课活动,通过主题选择、备课磨课、观课评课、反思改进等多项活动,促进教师在活动中进步成长。学校经常选派青年教师赴浙江、重庆、云南、台湾等地的兄弟学校进行数学同课异构。

● 为资优生培养提供现代化的制度环境

首先,建立健全的管理体系。学校成立了由校长领衔的领导小组,统筹管理学校资优生培养工作,形成了以数学教学为主阵地,各部门、各年级相互支持配合,全面推进资优生培养工作的管理机制。坚持积极推进、稳妥操作的原则,不断修订、完善数学资优生培养的实验方案。定期召开资优生培养分析研讨会,各部门和各年级进行认真总结,形成质量分析报告,自觉改进和完善教学过程,不断增强工作的责任心。

其次,探索发展性评价体系。针对资优生培养的质量要求,学校从发展性评价、水平性评价、选拔性评价三个方面制定评价方案,综合运用观察、交流、测验、动手操作、作品成果记录等多种手段,从兴趣培养、个性化知识的形成、潜能的开发、创新素质的提升等方面考察学生创新品质的养成情况,为每一个学生建立成长档案,引导学生个性化、差异化发展。同时,积极构建科学、有效的教学评价体系,优化资优生培养激励机制。

最后,营造良好的学校文化氛围。以"张扬个性、创建品牌、播撒快乐、和谐发展"为办学宗旨,积极营造有利于拔尖人才成长的校园文化氛围。深入开展"拓展教育时空,强化自我教育,培养学生创新精神和实践能力的研究",让学生根据自己的学习技能、学习需求自主选择适合自己层次的班级进行学习,增强学生主体意识;一年一度"体育节""艺术节""科技节"等丰富多彩的活动为各类学生展示个性特长,搭建了才能展示的舞台,提高了学习自信心和自我效能感。

- 为资优生培养提供多样化资源

资优生的需求是多方位的,学校积极整合各方面资源,形成学生、教师、家长、专家"四位一体"的教育资源网络。

积极利用高中优质教学资源。学校与多所市知名高中有着密切联系,经常开展"请进来、走出去"的活动,请名校长和名师来校开展讲座,组织学校师生到高中学校开展参观、听课、交流、研究等活动,通过讲座、夏令营等形式为学校师生开拓优质教育资源。

积极引进优质课程资源。为了满足资优生数学学习、兴趣爱好、时代发展等多方面需求,学校积极引进校外资源,如与上海市业余数学学校合作,开设适合学生数学兴趣发展的课程。学校开设桥牌、数独、信息学等课程,为学生的思维锻炼和全面发展创设条件。

聘请知名专家来校指导。学校邀请全国知名数学教育专家、数学竞赛教育专家来交流指导,开阔数学教师视野,激发工作激情,提升发展目标,促进学生、教师、学校共同发展。

### 1.3.5　回顾:潜心探索后的总结

学校在前期实践研究基础上,凝练了数学拔尖人才早期培养的一些创新观点,取得了一些进展,为未来进一步深化数学拔尖人才早期培养奠定了基础。

(1) 主要观点

识别:识别数学拔尖人才在早期的认知特点和需求,从学生的角度关注对他们自身来说重要的东西,有助于提高拔尖人才的早期教育教学效果。

过程:数学拔尖人才在数学能力、学习品质、高阶思维能力和创造力方面呈现动态性、普遍性和独特性,即同一个学生在不同的发展阶段,在上述领域的表现不同。数学拔尖人才在早期具有共同点,但也具有一些独特的个性或思维。因此,对拔尖人才的早期识别不应该是一次性的鉴定,而是一种需渗透进教育教学全过程的动态识别和持续关注。

教师:优秀的教师队伍是拔尖创新人才脱颖而出的重要保障。切实激励推进教师队伍建设,不断深化对教师的培养培育,构建立体化、多维度、全过程的教师培养体系,打造了一条促进各类优秀青年人才快速成长的培育通道、一条人才成长的"高速路"。

文化:文化活动是培养数学拔尖人才的重要载体和阵地,开展数学专题讲座、进行教学实验、开展解难题比赛、鼓励学生发表数学小论文等活动都有助于数学拔尖人才的培养。

个性:对学生进行适合自身特点的个别化指导是因材施教和适性扬才的内在要求。从拔尖人才的特征来看,他们虽有共同性,但个体间也有显著差异,对不同特征的学生进行个性化指导,使得每位学生都能接受适合的教育,也是数学拔尖人才培养的内容要义。

(2) 重大突破

其一,构建形成"基础—拓展—综合实践"三位一体的课程体系。将数学拔尖人才培养课程分为基础型课程、拓展型课程和综合实践型课程三类,并明确了每一类别的课程目标和实施方法,将激发数学拔尖人才的学习兴趣、扎牢数学基本功、养成健全的数学思维品质等提出了具体建议,形成了一个各有侧重又彼此紧密关联的完整体系。

其二,探索形成数学拔尖人才培养的课堂教学实践办法。从课堂教学坚持原则、聚焦重点和教学模式三个方面,描绘出数学拔尖创新人才培养的课堂教学景象,尤其提出数学拔尖人才成长的三个关键:基础学法指导、学习方法的掌握和元认知能力的培养,从而超越了一般的数学拔尖人才聚焦竞赛、专注成绩、目标短浅的弊端,为数学拔尖人才的可持续发展奠基。

### 1.3.6 反思:困境突围后的新思考

其一,学术志趣。在我们拔尖人才培养范围的学生中,存在着将升入名校作为唯一目标,缺乏在学术上的远大意向的问题。未来需进一步思考如何保护学生的数学兴趣、维护学生的学习动机、锤炼学生的学习意志,如何培养学生"以学术为志业"的理想与可持续发展的能力。

其二,教学模式。在拔尖人才培养的教学模式上,我们作了一些有益的探索,更多地侧重于实践层面,理论深度不够。未来需进一步凝练形成可复制、可推广的教学模式,明晰数学拔尖人才培养的课堂特性究竟是什么,核心要素究竟有哪些,课堂组织究竟如何更好安排等问题?

其三,学校发展。未来需思考,学校发展的突出问题是什么?限制学校深度发展的关键瓶颈在哪里?为学校的未来改革发展,找到新的突破口与着力点。

# 第2章 德：数学资优生成功的基础

学校德育在整个教育中具有不可替代的地位和功能。我们说："先成人,后成才;不成人,宁无才。"资质相对优秀的群体是国家未来不同领域的领军人物、决策者的潜在人群,他们的理想信念、价值追求和道德水平对社会的可持续发展影响重大。"才者,德之资也;德者,才之帅也。"优秀人才、拔尖人才可以为国家、为社会带来更多贡献,反之,也可能会带来更大灾难,关键在方向,在大德。关注资优生的思想道德素质和良好资质健康发展,对于提升 21 世纪学校德育的针对性和时效性,落实科教兴国和人才强国战略,具有非同寻常的意义。[①] 从这个层面讲,德乃数学资优生真正成功的基础。

## 2.1 追求德智的和谐发展

从一个完整的角度来看,学生的发展需要完整的、融合的教育,德育与智育,包括体育、美育、劳育等缺一不可。在这个信息多元、文化多元的时代,智的发展有助于人们更加保持理性,德的坚守能够为智的施展提供更大、更广的价值空间,两者和谐发展,有助于推动整个社会发展和人类进步。

---

① 唐盛昌. 资优生教育——乐育菁英的追求[M]. 上海:上海教育出版社,2009.

### 2.1.1 着重关注数学资优生的几个德育问题

#### (1) 潜在的民族精神问题

爱国主义是民族精神的核心，是中国人民和中华民族同心同德、自强不息的精神纽带，培养学生以爱国主义为核心的民族精神，是学校德育的重要内容。

经济全球化的发展趋势，一方面为世界范围内不同民族、不同思想文化之间的交流与借鉴提供了有利的条件；另一方面对那些总体上处于弱势的国家，如何维护自己的文化独立与安全进而维护国家主权、国家安全和民族利益提出了严峻的挑战。学校教育在这种多元文化背景下，必须认真思考怎样传承中华民族优秀文化和弘扬先进文化，认真思考如何沉着面对世界范围内思想文化相互激荡的挑战，不断发展壮大中华民族的优秀文化，抵制外来腐朽文化的侵蚀，增强学生对民族优秀文化的认同感。[①] 在同资优生的长期接触中，我们发现较之物质、表象层面，资优生的关注点更多是在思想文化和精神方面，也就是这方面的影响力对资优生而言比物质性的要大。所以，政治立场、理想信念等的培养至关重要。我们要保持警惕，但也不能用狭隘的民族主义引导学生，天安门城楼上十八个大字"中华人民共和国万岁，世界人民大团结万岁"宣示着中国人的天下情怀，正如习近平总书记指出："中国人是讲爱国主义的，同时我们也是具有国际视野和国际胸怀的。随着国力不断增强，中国将在力所能及范围内承担更多国际责任和义务，为人类和平与发展作出更大贡献。"在教育过程中，教师首先要自己读懂、厘清民族精神的核心思想，而后才能对学生施加正确的教育引导。

与学生实际生活、学习相脱离，是民族精神等红色教育效果不理想的常见原因之一。值得庆幸的是，当代学生在他们的成长过程中见证了中国不少重

---

① 薛建平,刘茂祥. 多元文化背景下的资优生德育探索——兼论资优生民族精神孕育的国际视野[J].
教育探索,2004(12):82-84.

大事件,如2001年我国加入世界贸易组织、2003年神舟五号载人航天飞船成功升空与返航、2008年举办北京奥运会、2010年举办上海世博会、2013年成立中国(上海)自由贸易试验区等,中国的综合实力、国际地位和影响力显著提升,国民的自信心和民族认同感也随之提升了。这些现实优势和基础在激发民族精神和爱国主义教育中发挥着重要作用。

资优生群体是把双刃剑,方向对了,可以是社会的功臣;方向有误,跟普通学生相比,会给国家和社会带来更大的损失。所以,知其心、导其行、及时救其失,是每位教师义不容辞的责任。

(2) 同伴交往问题

初中阶段是同伴交往的重要时期,这个时期,同伴对自己的影响甚至大过父母、老师。心理学家埃里克森(Erikson)指出,初中生处在人生发展八阶段理论之自我同一性和角色混乱的冲突期,这个时期的一些成长困惑需要在与同龄人相处的集体环境中去发现、去修正,为将来高中、大学乃至走向社会后的自我认同、关系建立与应对打下基础。

我校数学资优生中,男同学占绝大多数,一些学生情绪管控不是很好,在与他们的长期接触中,我们发现有一部分学生在人际交往上会有些不顺畅,一次竞赛、一个问题的讨论、一句话都有可能成为他们人际冲突的导火索。究其原因,可能有以下四点:一是数学资优生思维严密、逻辑性强,这是他们的优势,但人际交往是双向的,相比严密的逻辑性和规则性,更需要语言表达的技巧、情感的赋予,需要能够推己及人。有些学生会无意识地把自身理科优势泛化到与同伴的交往中,从而影响到交往质量。二是资优生比普通学生更喜欢争强好胜,但人际交往更需要宽容、体谅,讲究进退有度、谦逊有礼,很多时候不需要分强弱、定胜负,有时也没有严格的对错之分,更多是理念有别,这一点是许多理科擅长学生需要注意的。三是一种优越感惯性引发的不自觉行为、语言可能对身边学生产生了负面影响。比如,数学资质较高的孩子经常较快解答出老师的问题,做完喊道"这题目也太简单了吧""老师这就不用讲了吧"……他们未曾考虑到这将给其他孩子带来无形的压力,甚至一部分孩子产生"我为什么老是跟不上""为什么我这么笨"的消极心理,即便老师会对资优学生进行教育引导,但依然较难杜绝这种情况,久而久之,有些资优生和普通生很难心贴心走到一起。四是有些资优生更喜欢独处,独立思考、独立分析、独立破解难题,独自享受其中的喜悦,他们在独处中得到满足,对于他们而言,"我"是自己的中心,对外在交往的需求并不强烈。有些卓有成就的拔尖人才即便在成年后依然独来独往,但他们对社会、对国家贡献重大,自己也从中获得满足,不过这也仅是极少数人。记得曾经有人定位学校功能时,提到学校是一个可以让孩子们结交伙伴的地方,对此我们表示赞同。学生自己认为没需求,不代表真的不需要,我们不强求这些孩子拥有多强的交往水平,但可以结合"同伴"在一个人发展中的作用或者说人际交流能够给孩子们带来的普遍优势和这个孩子的实际情况进行对接,让他自己去体验和感受。时间久了,他们会感受到同龄、同质群体能够给他们的学习、生活带来启发和顿悟,即便是冲突,自己也能从对冲突的应对和反思中受益。

### (3) 心理承受力问题

心理承受力,或者心理韧性、心理弹性,是学生在面对逆境或重大压力事件的良好适应。许多研究表明,心理承受力与学生的学习投入、学习成绩、学校适应、主观幸福感等息息相关。多年的教育教学经验告诉我们,心理承受力强的学生更有可能引发积极认知、更能消解一些压力、更能获得和谐的人际关系、更能适应学校生活,也更能够主动获得积极的体验,获得更大的幸福感。

每位人的心理韧性、承受力是有差异的,一个孩子能够承受多大的压力受多方面因素的影响,如家庭生活环境、家长的教育风格、家长的期待;学校和老师的育人理念与期待;学生自己身体健康情况、对自己的要求、看待和应对问题的能力、归因方式与习惯、人生阅历;等等。

数学资优生在数学方面有较高天赋,他们身处初中阶段,和其他普通学生一样,有着该年龄段学生共有的心理特征,如思维发展上,较之小学更容易偏激或走极端;情绪体验的两极化更为明显,兴奋性高、波动性大、容易冲动;意志力方面,比起远期目标,近期目标更能激发他们的内动力;自我评价方面,既注重显性的外在评价,随着抽象思维的进一步发展,也开始关注以抽象概括为主的评价,已经把一些社会准则、道德规范纳入自我评价之中;等等。此外,他们还有资优生群体更为凸显的特征,如他们自己知道身上具有少数人才具备的优势,优势的客观存在可以让他们感到优越与自信,但也可能因过度自信、自我要求过高而走入另一个极端,如自卑、轻度自闭等;他们容易获得明显成功,获得更大满足,也更有可能因为挑战失利或达不到自我预期更加郁闷;他们自尊心更强,对教师的批评或不认可更加介意,加之处在青春逆反期,更容易引发抵触、自我否定等负面情绪;他们需要友谊、需要同伴,但因普遍喜欢挑战、竞争意识强且理性线性思维也较强,有时难以将心比心,常常引发不必要的矛盾,影响到自己心情;他们自我期望高,但在纷繁复杂的社会中似乎又会感到迷茫,"抱负满怀,却不清楚路在何方"的无助感比普通学生要强,更容易导致心情低落,也影响到前进动力;等等。

资优生良好心理品质的培育,不仅有助于学生的健康、可持续成长,也更有助于充分释放他们的潜能,爆发出更有意义、更有价值的力量,服务集体、服务社会、服务国家。其实,大多数学生在心理承受力的综合性表现上还是值得肯定的,即便存在一定的问题,也多是经教师引导便可以更好完善的问题,只是需要教师们在与资优生相处的过程中,要更善于观察、增加交流,多参与到他们的讨论中,全面了解,有助于采取更加适合、有效的教育措施。

### (4) 重知轻行问题

道德体验是道德认知转为道德行为的必经之路。只有在体验中,才能建构学生真正的而非表面的道德认知,才能生成学生持久的而非短暂的道德行为,才能激发学生真实的而非虚假的道德情感。[①] 理论和实践两条腿走路,更能走得稳、走得远。

但我们发现,数学资优生这个群体对"行"层面的主观意愿和自觉性甚至没有普通学生高。他们对活动、对社会实践的积极性不高,不愿意投入更多的

---

① 齐国艳.让道德教育在体验中自然发生[N].德育报,2022,总第 1078 期,2022 - 10 - 10(2).

时间,在参加活动过程中也往往不够认真,相关任务单完成度与实际能力不匹配等。也有老师反映,这些孩子因为思辨力、批判力都较强,当他们非常认同或者不认同某个观点时,比普通学生更难引导。人,有些路要自己走,走走才知道这条路对不对;有些理要自己悟,经历了才知道对不对;有些情感真不真,体验过才更清晰。所以,多提供机会、丰富学生经历,引导他们学会动手、学会生活、学会与人合作、学会化解冲突矛盾,为他们的全面发展打好基础。

我们察觉到,不是所有学生都不喜欢参加活动,学生也并不是不喜欢参加所有活动,和自己兴趣点相关的、能够和志同道合的伙伴共同参与的、活动时间比较适合的、比较新颖或独特的,或者通过活动方式方法的改进能够激发共鸣的等,他们还是有参加意愿的。而且,即便学生对一些活动开始不感兴趣,待亲身体验后,或者听到同学们的议论后,自己的态度也可能受到影响。

那么,哪些原因影响到这批学生对动手、对活动、对参与实践的意愿兴趣和自觉性呢?反思讨论后,我们发现可能有这样一些原因:其一,不愿走出认知的舒适区。一个人某方面优势越是突出,与该方面相对应的不足也往往更加明显,重认知与轻行为便常相伴而行。好高骛远、眼高手低,是高智商群体较为常见的外在表现。其实无论成人还是孩子都喜欢待在既有的舒适区,这批学生脑力活动相当活跃,即便在刷题中也能体会到比普通学生更大的快感,相应地,他们要突破这种脑力的舒适和快感投身到行为中、实践中也会更加困难。其二,内容不够丰富,不够贴合学生实际。有学生对学校组织的活动类型、性质兴趣度不高,认为不符合他们的需求。其三,形式缺乏吸引力。可以结合这批学生的年龄特点、心理特征、优势特长选择适合的体验形式。其四,教师教育方法不到位。潜移默化、润物无声是德育工作起到作用的重要策略。知识教育与品德教育所需要的教育方式有差异,部分老师会有意无意地将学科教学常用的讲授法作为品德教育的主要方法,往往难以引发学生共鸣,对于这批资优生群体更是难上加难,甚至可能适得其反。根据不同教育内容选择讲授、辩论、实践体验、情景模拟等适合的方法,很有必要。其五,教师并未将活动或实践的价值、意义引导到位。例如,每位学生从小学到初中值日不计其数,却仍有较多学生不知道值日的意义;公益性活动校内校外组织过若干次,经了解,还有相当一部分学生讲不清楚每次活动的价值指向;红色教育活动也组织过多次,实地参观过许多场馆,但并不是每位学生都能在任务单上给出活动本身要传达的教育点。资源、载体都很重要,教育引导也很重要。

如何让学生认识到"行"对学生认知深化、情感激发、长远发展带来的益处?学校、班级怎样让学生更多地动起来?如何引导他们在动手、体验中感受到更大收获?让好的品德内化于心、外化于行,知行并进,这是我们要探索和尝试的方向。

### 2.1.2 数学资优生德育培养的意义

#### (1) 战略意义

资优生培养具有人才强国的战略意义。习近平总书记就深化人才发展体制机制改革作出重要指示:"办好中国的事情,关键在党,关键在人,关键在人才"①。人才战略是第一战略,人才资源是第一资源,拔尖人才则是人才资源中最宝贵的资源。党的二十大会议中,在"实施科教兴国战略,强化现代化建设人才支撑"部分,习近平总书记这样强调:"我们要坚持教育优先发展、科技自立自强、人才引领驱动,加快建设教育强国、科技强国、人才强国,坚持为党育人、为国育才,全面提高人才自主培养质量,着力造就拔尖创新人才,聚天下英才而用之……深入实施人才强国战略,坚持尊重劳动、尊重知识、尊重人才、尊重创造,完善人才战略布局,加快建设世界重要人才中心和创新高地,着力形成人才国际竞争的比较优势,把各方面优秀人才集聚到党和人民事业中来。"此前,他曾提到:"中华民族伟大复兴终将在广大青年的接力奋斗中变为现实。"在"两个一百年"的奋斗目标中,三个关键的时间点 2020 年、2035 年及 2050 年恰好对应了"00 后"青少年、青壮年及中年这三个重要的人生阶段。显

---

① 习近平.加大改革落实工作力度　让人才创新创造活力充分迸发[N].人民日报,2016－05－07.

然,当前的"00 后"将成为我国社会主义建设事业不可或缺的力量[①]。

资优生德育直接关系到人才培养的质量问题,今天学校的数学骄子,很可能是明天掌握着先进科技,以科技来兴国的栋梁之才,是将来某个领域的潜在中坚,是推动国民经济和社会发展的鲜活动力和核心力量,对我国经济、政治、文化、科技等多方面创新发展,确定世界领先优势具有重要的价值和作用。因此,因势利导地引导他们树立科学、合理的价值取向,潜移默化地达成自我价值与社会价值的统一,使其成为坚定的社会主义建设者和接班人,对实现中华民族伟大复兴具有重要战略意义。

(2) 理论意义

国内外对资优生的研究主要集中在特质分析、智力开发、不同概念辨析或者课程教学等领域,关于资优生德育上的探索并不多,尤其对九年义务教育阶段"初中"且"数学"学科资优生德育的探讨更少。许多学校或多或少都会有一部分数学资质比较突出的学生,他们多散布在不同的班级,与所有学生接受着共同的学科教育、品德教育,加之不同学校对学生德育工作的关注和投入程度不同,据目前实践层面的了解,鲜有专门的以这些少数或个别群体为对象开展的品德教育研究。加强对这些潜在拔尖人才特征、优势、问题等的探索与实践,可为理论界提供素材和经验的借鉴,也有助于共同促进资优群体个人发展与集体发展的统一、短期发展与长远发展的统一,以及科学精神与人文素养的统一、个人价值与社会价值的统一,实现德育与智育的和谐发展。

(3) 现实意义

初中阶段是学生世界观、价值观、人生观形成的重要时期,这个时候夯实他们的思想道德基础,埋下一颗信念的种子,会影响到他们未来成长、抉择的方向。数学资优生的思维灵活性、批判性、缜密性比一般学生要高,面对同样的话题,包括学科方面,也包括意识形态、社会局势、时事政治等方面,他们更有能力站在客观、理性、全面的视角来审视这些话题,若有比较明确的价值取

---

① 杨雄."00 后"群体思维方式与价值观念的新特征[J].人民论坛,2021(10):18-22.

向支持和引导,他们的认知、情感也会更加稳定和持久。这种稳定的、持久的正向认知和情感,对学生以后的学习、生活,对他们个人的可持续发展大有裨益。

从长远来看,未来数以万计的专门人才和一大批拔尖创新人才,主要集中在今天的资优生群体中,而未来的科技领域人才可能更多地集中在今天数学、物理、化学等方面较为突出的学生中间。上海中学曾做过一项调查,从他们的校友中发现了100多位现任或曾任党和国家领导人、省部级以上干部,50多位两院院士,近30位中国人民解放军将领,难以尽计的各行各业专家与领衔者,以及许许多多奉献在一线的英才栋梁。[①] 也就是说,这些资质优异的学生都是将来社会栋梁的潜在力量,对他们的世界观、人生观、价值观进行引导意义重大。

### 2.1.3 德与智的共生共荣

德育是根本,智育是关键,两者之间相互渗透,都很重要。

#### (1) 良好智力是通往理性德育的快车道

智力、知识是辨别是非善恶,判断不可为与不可不为的必要条件。公民能否尽社会责任,与其知识多寡息息相关,正可谓"德性以见闻为条件"。学生只有掌握文化科学的基础知识,才更能理解道德方面的概念和准则,才能客观理性地辨析道德方面的一些事件,更自觉地提高思想觉悟,培养良好的行为习惯。这方面,资优生群体占据优势。在教学中、活动中,我们也发现他们更加有能力综合看待多元时代下的纷杂信息,更有能力进行整体、全面的分析,得出相关结论,而非人云亦云。当然,碍于年龄特征、认知发展特征,教师也要引导他们做好信息鉴别与选择。

#### (2) 优良品德是发挥智育价值的方向盘

高智力不等于高品德。有能力审视、分析、解决一些纷杂信息、疑难问题,

---

① 唐盛昌.资优生的必修课:领导与组织[M].上海:上海科学技术出版社,2013.

有能力做出更大贡献,但不意味着他们想去做、会去做。"想做"和"能做"不是对等的,这里面涉及信仰、信念、观念等问题。这就又回到了教育工作三大问:学校不仅要搞明白"怎样培养人?培养什么人?",还要明白"为谁培养人?"。这些是教育工作要解决好的根本问题。学生不可能与社会隔绝。我们应由浅入深地、从低到高地给同学以理想信念教育、社会主义核心价值观教育、中华优秀传统文化教育、生态文明教育、心理健康教育等,让学生树立起正确的人生观和价值观,在正向思想的引领下,增强他们辨别是非的能力,辨别美丑的能力;教育他们观察、思考、辨析社会各种现象,得出正确的结论,产生对不良舆论、观念等的免疫力、抵抗力。而在此期间,教师自己多方面的能力也会得到相应提升。墨子说"志不强者智不达";司马光讲"才者,德之资也;德者,才之帅也"。好的品德可以让学生走得更远。

## 2.2 | 创设人本的教育生态

在智能、人格特征等方面的超常人才是极少的,好的教育、好的环境、好的平台更能够让这些极少数人脱颖而出,使其才智得到更充分的彰显,为国家、社会做出更突出的贡献。真实的教育需要真实的、适合的教育生态。如此,学生会更有可能、更有机会展示真实的自我、暴露真实的问题,教师也能够在学生真实问题的分析和应对中、在内在兴趣和优势的充分挖掘与释放中,引导孩子们获得更适切、更快乐的成长。

### 2.2.1 发挥好课堂主阵地作用

中小学生在校生活中,占比最大的是学科学习,约占课程学习时间的80%。孩子们从小学一年级读到高中三年级毕业,粗略以每学年34周、每周平均基础型学科课程28课时计算,学科学习的时间约有11 400课时。学科教学虽不是学校教育的全部,却是学校实现育人目标的主要阵地。有效利用好学科教学的每一课时,让学科教学回归教书育人本源,应该成为每位教师的事业追求。①

有研究者曾对2001版初中16门学科课程标准(实验稿)中的德育点进行梳理,发现:其一,16门学科中都渗透着德育点;其二,不同学科中渗透的德育内容的项目与数量存在差异,表现出不平衡性;其三,许多学科在德育点的体现上存在交集。② 该研究所提到的从数学课程标准中挖掘到的德育点涉及科学态度与精神、合作意识与团队精神、尊重与关爱他人、文明交往、积极的学习态度、思维方法与习惯、创新意识与能力、自信自尊、意志品质,等等。虽然该研究以2001版数学课标为素材,距离现在有一定时间跨度,但不影响整体结论。这项研究通过科学实证研究方法得出的结论告诉我们,育人不是班主任的专利,不是思想政治、历史、语文等学科的专利,数学、物理、化学、音乐、美术等所有学科中都有育人点可挖,它们都承担着育人的功能。换句话说,"学科教学"不仅是"育知"的主战场,也同样是"育人"的主阵地。

为了实施学科育人,我们开展了一系列探索,包括挖掘学科本身蕴含的德育资源,挖掘教学过程中生成性德育资源以及探究在课堂中无痕落实的方式、途径等。如围绕课堂中教师对学生人文情怀的熏陶进行研究。在社会课中,教师会结合教材,运用社会即时的案例组织学生探讨其实质,厘清其中规律性的东西,让学生逐步提高发现问题、解决问题的能力,加深对社会现象的认识,提升爱国情感和对改革开放的认同感和归属感;在生物课上,我校郑文勤老师把生物学科教育与环境保护、鸟类保护相结合,自己身体力行,在校园内开展环保科普活动,她以生命科学课堂为平台,结合相关知识点,引导学生认识环境保护的重要性。郑文勤老师还为学生开设植物和观鸟课,让学生认识湿地,认识上海常见的鸟类;鼓励学生开展自然观察,在课堂里进行实验;组织学生接受专业培训,参与到野生动植物的观察和记录活动中,积极引导他们成为保护野生动植物的一员。郑文勤老师出色的工作和奉献,带动我校其他教师把

---

① 上海市教育委员会教学研究室. 学科育人价值研究文丛[M]. 上海:上海教育音像出版社,2013.
② 乔建中,熊文琴,王云强. 从新课程标准看未来初中各学科德育渗透[J]. 思想·理论·教育,2003
(11):64-68.

课堂建设成教书育人的阵地,把学科育人真正落实到教学的每一个环节中。

知识是目的,也是通往一定教育目的的手段,任何学科教学都是知识性与教育性的统一。

### 2.2.2　创设开放大课堂

为深入贯彻落实《中小学德育工作指南》《新时代爱国主义教育实施纲要》,让立德树人——教育根本任务落地生根,我校坚持在教育教学中传承红色基因,筑牢德育长城。"行走的课堂"一直以来是我校的特色德育品牌,旨在通过知行合一的社会实践活动,聚焦文明素养提升,夯实礼仪习惯养成,巩固行规自律成果,拓展学校行规教育的时空,使学生成长为"讲文明、乐交往,守诚信、明法理,能自律、尽责任"的"文明"市北人。学校精心打造了四大课堂,多维助力学生全面、健康地成长。

(1)"红色课堂"增强学生的时代担当

习近平总书记指出:"历史是最好的教科书,也是最好的清醒剂。"学好党史、新中国史、改革开放史、社会主义发展史是青少年爱国主义教育的重要组成部分。学校根据每年不同的德育主题,在遵循学生认知发展规律、青少年品德形成规律和教育教学规律上下功夫,精心设计阶段性的"四史"学习教育目标。同时,充分发挥课堂主阵地作用,把"四史"学习教育与学科教学有机融合,创设满足学科教学和"四史"教育的"双教"情境,把学习内容融入升旗仪式、学生社团等日常教育教学活动中,构建全员、全过程、全方位的"三全育人"格局。

2020 年以来,由校党总支部、校长室和德育室牵头、组织,校青年党团员教师和部分优秀青年教师志愿者组成学习筹备小组,持续开展"为祖国点赞,向祖国献礼"系列爱国主义主题教育活动和学生"四史"学习系列教育活动。为学生开设内容翔实、形式丰富的"红色课堂"。志愿者教师首先在"学习强国""人民日报""中央电视台"等官方媒体上搜集静态文字、图片,动态视频、音频材料,边搜集边学习;接着,集体备课,筛选出贴近主题的内容,将视频进行剪辑,为静态材料配上音乐和旁白解读;最后,汇总所有材料,撰写讲稿,制作成PPT,录制系列红色主题教育课,旨在引导学生知史爱党、知史爱国。

学校还定期组织学生观摩红色经典影片,如2019年中华人民共和国成立70周年观看了《建国大业》、2020年抗美援朝战争胜利70周年观看了《建军大业》、2021年中国共产党成立100周年观看了《建党伟业》。学校德育室每周都会筛选并推送优秀的红色经典歌曲,利用"红领巾广播"时间循环播放,并在每学年的"班班有歌声"比赛月集中传唱红色经典歌曲,展现我国不同发展阶段的面貌,在校园中营造浓郁的爱国氛围。

学校还根据不同年级的学生特点,布置红色小报制作、红色经典诵读、红色故事讲述等阶段性任务,通过追寻"红色足迹",聆听"红色历史",重温"红色经典",让学生在形式多样的活动中接受爱国主义教育的洗礼,在学习中传承革命精神,在传承中焕发新的生机。

**(2)"时政课堂"激发学生的爱国热情**

学校结合鲜活的时政事例,结合不同年龄段学生特点,打造与时俱进的"时政课堂",拉近学生与时政热点的距离,在家国情怀的潜移默化中引导学生了解国情,为锻炼学生的心理品质提供了机遇,为深化课堂所学的内容提供了条件,有利于最大限度地发挥对学生进行素质教育所起的特殊作用。"时政课堂"的课程涉及内容广泛,包含热点聚焦、新闻瞬间和新闻故事等栏目,可激发学生兴趣,引发学生关注与思考,德育效果较为显著。近年来,我们打造了"清澈的爱,只为中国""承抗美援朝精神,做时代美德少年"等主题时政课堂。

比如,2021年3月,学校举行了"清澈的爱,只为中国"礼赞戍边英雄暨中国共产党成立100周年爱国主义主题教育活动。以政史地教研组青年教师为主的志愿者团队经过集体备课、拟稿,录播了专题片《清澈的爱,只为中国》。宣讲的党(团)员志愿者带领学生了解2020年6月发生在中印边境冲突事件的始末。在充分了解事件原委的基础上,教师们从不同角度引导学生深入探究这一时政热点:从地理角度直观了解中印边境线的地理概况;从历史角度回顾中印外交历史;从外交角度了解中华人民共和国成立以来中印外交关系的三个阶段;从政治角度了解事件发生后中央军委、外交部与印方严正交涉的情况和中国军人捍卫国家主权和领土完整不畏艰险、卫国戍边的事迹;从道德角度了解全国各地人民群众自发悼念缅怀英烈的情况;从法律角度了解国家公检法对在网络上发布诋毁贬损卫国戍边英烈的违法言论所采取的雷霆行动。伴随着专题片充满感染力的镜头切换和党(团)员教师深入浅出的动情宣讲,学生在庄严肃穆的氛围中始终保持着高度的专注,现场不时传来啜泣声。从活动观后感中可以看出,学生感受到了戍边卫国英雄勇于担当的责任感、使命感,感受到了戍边卫国英雄对党忠诚、对祖国山河的热爱,感受到了戍边卫国英雄用爱国奉献的实际行动诠释生命的价值和意义。活动在潜移默化中培养了学生树立正确的价值判断。清澈的爱只为中国,教师的爱只为学生。学校潜心挖掘富有教育意义的时政热点作为教育教学素材,在以小见大的精讲深析中,落细、落小、落实习近平新时代中国特色社会主义思想和党的二十大精神的学习和宣讲,引导学生接受社会正能量,形成正确的世界观、人生观,激发学生知时事、爱祖国,在心灵种下传统文化的根,铸牢民族精神的魂。

### (3)"心理课堂"助力学生的持续发展

学校强化学校、家庭、社会等各方面力量的协同联动,合力推进心理育人工作,将心理健康教育工作融入教育教学的全过程。

学校坚持以学生为主体,遵循初中生身心发展的特点和规律,围绕学生日常生活中关注的话题,如"环境适应""情绪与压力""学习方法""人际关系""自我认识""生命教育""生涯探索"等开展系统的心理健康专题教育课,以预防学生心理问题的发生,增强学生积极应对压力、正向化解问题的能力。学校面向六、七年级开设每周一次的"校园心理剧与生活"团体拓展课,以提升学生的心理抗逆力。同时,学校专职心理教师积极组建学生心理辅导员队伍,对各班级心理辅导员开展技能培训,以发挥同伴教育、支持与互助的作用。为了落实人人都是德育工作者的工作理念,学校还对全体教师进行专业的心理培训,以扩大心理健康的专业支持队伍,为学生提供更好的心理支持。

学校将心理健康工作与学校的德育、特色活动相结合,通过开展形式多样的心理健康宣传教育活动,提升全体师生的心理健康认识水平。每学期各班级结合班情,精心设计一节心理健康主题教育课;每年 5 月,面向全体师生组织开展"心理健康教育活动月"系列活动;在新生入学、开学、毕业、升学、考试前后等重要时间节点和影响心理健康重大事件发生时段,通过线上线下相结合的讲座形式,开展相应主题的心理健康讲座。在心理室走廊展示区设置互动涂鸦墙,由心理教师和学生共同参与,设计每日一个问题,学生进行自主涂鸦创作与情绪表达。

同伴关系是初中生成长过程中重要的经历。面对资优生人际冲突相对频繁的情况,我们邀请本校心理学教师和有经验的年长教师,包括班主任、数学教师等,结合自己的教育经验、咨询经验,按照集体教育和个别教育相结合、课上引导和课下关注相结合、专题讲授和自主体验相结合的三结合原则,通过常规心理课程、校本课程、专题讲座、主题班会课、个别咨询、团队活动、实时观察等多种途径引导学生懂得交往之道、知道交往之礼、习得交往技巧、体验与人真诚交流、合作、辩论所带来的乐趣和启发。经过长期的学习、训练,我们发现,学生的高领会、高迁移能力在人际交往这门学问中同样适用,依旧学得快,问题多,讨论多,进步也大。

学校还成立了校园心理危机工作小组,以校长为负责人,心理教师为专业指导,书记、德育主任、青保老师、年级组长、卫生老师共同协作,从心理问题的筛查、个别学生的心理辅导、危机的发现与应对全流程等方面,设置明确的校园危机工作小组运行机制,为在校的心理障碍学生提供支持性心理辅导,及时跟踪病情变化,组织家长访谈,进行家庭心理治疗,为家长提供个性化家庭教育指导,为相关教师提供咨询与指导。

### 2.2.3 给予充分关注和关怀

有一次,在和一位教育同行闲聊时,我们提到一个感同身受的现象:毕业后主动联络初中老师的学生中,成绩较差的学生数比成绩好的要多。为什么?

我们探讨了其中的原因:因为当初这些学生成绩不理想,教师对他们的关注和教育跟进比较多,接触机会多,花费的时间和精力也多,学生当时未必珍惜这种特别关注,但随着年龄增长,反观初中生活,他们能感知到教师的用心和不易,自己后来的发展和教师当时的教育引导不无关系。而成绩比较优秀的学生,更倾向于内部归因,认为自己的成绩、成就、成功更多源于自身的天赋、聪慧和努力,受包括教师在内的外在因素影响不大。谈及此处,不免在想,我们学校数学资优生相对数量多,占据一定比例,相比情感,他们更加注重理性,多年后,这些学生是否能够自觉回忆、由衷感谢我们曾经的陪伴和引导呢?

细想起来,可能教师对优秀学生的关注度确实没有成绩较差或者经常不遵守纪律的学生多。学生作为一个独立个体,关注点更多在自身;教师的教育对象是全班同学,那些在学习、心理、行规上有突出问题的个别学生格外容易引起教师关注,而成绩中等及优秀学生比较让教师省心,教师时间精力有限,可能没能给予这批学生更多关注。

为了让所有学生都能感受到教师的关注和关怀,我们除了要求、提醒教师日常教育教学过程中需关注每位学生外,还在学校内发起了"师生心交心"活动。这里的"交"有两层含义:一是交融;二是交换。教师用文字记录了发生在自己和数学资优生间的故事、点滴;这些学生毕业前也用一段文字留下四年来的深刻触动、回忆。借助文字、通过分享,师生间难以用言语传递的事件、感情在这里做了补充和补偿。一年年过去,师生间心贴心的故事、感言、寄语一叠又一叠,我们恍然发现,师生间的情感连接着实更紧密了,即便在学生离校以后。

每年毕业前或毕业后一段时间,或进入高校,或走上工作岗位,或已经为人父母后,总会有一些学生用自己的语言表达对学校、对教师、对同伴的怀念和不舍。我们将学生、校友的感言汇编成"市北初级中学校友录"留存下来,既是念想,也是对教师付出的肯定和成长的鞭策。迄今,我们已积累十三届学生的感言。以下摘自往届学生对教师、对学校的感言。

## 我和数学的不解之缘

（陆慧 2000年毕业于市北初级中学，上海交通大学硕士，

从事银行的风险管理方面的中后台工作）

不经意间，人生已近四十不惑。

回想小时候，走上数学竞赛这条路，主要是因为小学阶段的学习成绩，尤其是数学成绩，在全年级名列前茅，也就自然地被学校安排到了闸北区教育学院（现静安区教育学院）开始了一些数学竞赛培训。现在回想起来，虽然培训的日子挺艰苦，但是，当一群有志于竞赛取得佳绩的人聚在一起，努力学习，奋力拼搏，其实还是很开心的，正应了那句：苦中也有乐。

初中阶段对我数学竞赛学习影响最大的有两位老师：一位是教数学的陈毓明老师，一位是班主任马煜光老师。

陈老师是我们当时1996级（2000届）的数学任课老师。科班出身的他，其实（也是后来才知道）在教我们班之前几乎没有怎么接触过竞赛数学，但是现在回头想来，他教得真的是太好了！！！（在此，用三个感叹号，一点不为过）首先，他很会思考，不仅思考如何一题多解，更关注我们对问题的理解，他总是能找到最能让我们理解的高效率的教学方式来完成一些专题的教学。他对我们的培养可谓自成一格，也总能运用各种碎片化时间不遗余力地对我们进行"题海畅游、专项突破"。最让我感动的是，他也非常尊重我们学生的个性发展。初中，正是学生的青春逆反期，陈老师的年龄与我们的父辈相仿，他不但会照顾我们没做出难题的"颜面"，也曾一口答应了我"要一份答案、自己参考"的要求，充分给予了学生信任，把我们这些才十多岁的初中生放在了一个完全平等的位置与我们对话、交流。记得，在我的一本竞赛习题册的扉页上，陈老师写过"自强不息、厚德载物"的寄语。现在想来，周易的这"乾卦"与"坤卦"，既是祖先赠予我们后人的无上智慧，也是老师希冀学生的求学之道，更是我们可以践行一生的处世哲学。陈老师不仅教会了我们数学知识，更鼓舞我们用积极的态度直面人生。

班主任马老师则是我人生启航的第一盏明灯。马老师教我们那年，已经57岁，当时校领导有段佳话是这样说的："希望'老马识途'，带领我们班，走向成功，出色、出彩。"马老师是非常厉害的。第一，是他独特的"马式幽默"。面对一群调皮捣蛋的孩子，他总能"四两拨千斤"，灵活地应对各类"突发事件"。他总能找到一两句合适的话，用他那一手令人叫绝的粉笔字，写在黑板上，深入浅出地分析某件事情"怎么处理合适、怎么处理欠妥"，既给了淘气的我们颜面，又教会了我们做人的道理，还启发大家进一步思考，触类旁通。第二，是他有一句至今为止都让我佩服得五体投地的话——"学好数理化，语文是老大"。在习总书记构建"文化自信"的如今，大家意识到语文很重要。其实，语文的重要作用会贯穿每位中国人的一生，数学、物理学得再好，语文学得磕磕绊绊的人，即使有点成就，也很难有大的作为。即便是理科学习获得了较高的成就，但不懂得做人的道理，目无尊长，不恪守"入则孝，出则悌"等古训的人，所谓的成就也将如空中楼阁般不牢靠。语文，是教会我们识文断字的科目，也是让我们学习知识的基础，还是引导我们遵循"首孝悌，次谨信"这些做人守则的桥梁，更是帮助我们与他人畅通交流的纽带。

人生天地间，如白驹过隙。之后的我经历了市北高中和七年上海交通大学的本硕连读，此刻供职于银行，从事的是风险管理方面的中后台工作。工作中既要和很多数字打交道，计算不良率、做好不良限额的管控；也要和很多文字打交道，年初、季初写报告，月初还要撰写风险信息、做资产质量分析等。对于初中时代，在感怀的同时，更多的是感慨：自己是何其有幸，获得了一个竞赛培训的平台；自己是何其有幸，得遇了专业能力强、自身素质高的恩师们。

感恩于母校给予我的这一切，没有母校的培育，就不会有如今的我。平时闲暇之余，在被问到有什么兴趣爱好时，我会不假思索地回答"做数学题"，这是我的真心话，我喜欢动脑筋的感觉，我思考，我存在；我思考，我进步。希望母校的同学们，能在数学等科目取得更多佳绩的同时，强健自己的体魄，磨炼自己的意志，锤炼自己的品行，为祖国繁荣昌盛健康工作五十年！希望我们的祖国越来越好！

# 在西藏北路的日子

（彭星宇　2021届毕业生）

我已经毕业满一年了，但在市北初中学到的数学知识和基于数学学习而得到的精神，会让我终身受益。

在西藏北路的日子里，我的数学老师尤文奕老师对我的影响是无穷大的——若是问任何一个尤老师教过的学生："谁对你的数学学习影响最大？"那答案必然是尤老师，这是尤老师人格魅力的彰显。尤老师是严格的，不仅体现在课堂纪律之上，也体现在各种数学解题步骤的书写之上，比如几何论证等。事实证明，在进入高中之后，当我看见许多别的学校的同学为了解题过程而和数学老师争论不断时，尤老师的学生从没有这样的烦恼。尤老师也是我见过唯一的要求填空题写简略过程的人，这很有效地防止了猜答案而不求甚解的现象，这是尤老师传授给我的踏实学习习惯。

尤老师除了在数学学习和方法上教导我们，他对于所有同学最大的影响一定是指引我们如何在喧嚣扰攘的世界中高昂地歌唱。尤老师在最后一节课上这么说："这四年的学习生活作为人生中非常宝贵的财富，会直接影响到你高中怎么学习，大学怎么学习，人生道路应该怎么走。"他希望我们都能成为善良、勇敢、大气、真诚的人。市北初中毕业的学生很多都是学业上优秀的学生，但每位人都更需要一点与世界共感的能力，而尤老师概括的这八个字就是帮助我们在现实的世界中依旧能够自由自在地成长并快乐地生活。昨天看到上海中考作文题是"这不过只是个开始"，尤老师对我们的教导虽然已经在回忆中了，但必将只是个开始。

除了尤老师对我数学学习的影响，市北初中的同学们对我的成长也起到了关键的作用。下课时，教室总是充斥着讨论问题的声音。每一次的考试成绩让我们互相竞争，在考好时向别人"炫耀"，考差时"茶饭不思"，反思自己，这都是人性最淳朴的样子，正是因为有他人与自己的比较，我们才能被不断鞭策着进步。同学中有许多"大佬",有一些同学已经在高一拿到"全国高中数学联赛"一等奖,甚至进入省队,《后汉书》有云:"与善人居,如入芝兰之室。"市北初中这种人人向前冲的氛围弥足珍贵,推动着我们每位人戮力前行。

市北初中的数学学习对其他学科都有着深刻的影响。以化学为例,去年有两位上海队选手都来自市北初中,我曾经的同桌在高一便拿到了"全国高中数学联赛"金牌。这种现象在数学学习为主的群体看似很反常,但仔细思考后却很容易理解。班级很多同学在八年级就开始接触化学,坚实的数学基本功和踏实的学习态度能让市北初中的同学们在学习任何理科学科的过程中都游刃有余,这是市北初中的数学教学给予任何一个奋斗过的同学的宝贵财富。

在毕业一年后再次回想起在市北初中的日子,让人感慨万千。毕业时我在签名墙上写下过:"延续市北初荣光,我辈义不容辞。"一年后,在各个高中追求自己梦想的我们都会怀揣着赤子之心继续前进,以数学之精神为名,在自己热爱的事业、自己热爱的生活中发光发热。若世上没有光明,便做自己的追光者;若世上没有勇气,便做自己的孤勇者。

还是以尤老师的教诲作为全文的结尾:"你要奋斗的道路还很长。"

这些打破时间界限、记录方式各样的暖心话语,从侧面诉说着只要教师给予学生充分的关注、关怀、引导,学生内心深处的情感就会被调动,他们会感受到持久而稳定的温暖和力量,这是比成绩影响更为深刻和深远的东西。对于每位市北初中的教师,这些留言也是一种力量,一种能够触发每位教育人灵魂深处的力量,一种能够唤起对教育事业敬畏之心的力量,也是一种激励每位教师不断进步的力量。

### 2.2.4 构建亦师亦友的师生关系

"至理、至诚、至情"是我校教师对师生关系的基本共识。和谐师生关系是一种看不见的教育力量,这种力量一旦释放,所发挥的教育威力比教师苦口婆心的说教效果要强得多。

(1) 至理：可权威，但要讲理

资优生对师生关系的要求比普通学生要高。由于表现积极，想要表达自我，相比普通学生来说，资优生思维更活跃，看问题的角度和想要达成的目的会更高，需要教师更能以理服人。理，就是道理。教师要讲道理，告诉学生怎样做人，做什么样的人，这是教师向学生施教的核心问题。讲道理是教师树立威信的前提。凡事讲个"理"字，这也是师生关系平等的一种外在表现。

(2) 至诚：有真诚，才有信任

诚，饱含了真诚、信任两层含义。如何才能让教师的真诚"看得见"？适合学生的天空，可大可小，平等和谐的师生关系，就是一种小的天空，也是对学生成长天空的自然延伸。这种自由的天空有助于增强学生的自主意识和创新精神。初中生尽管年龄还比较小，但他们拥有独立的人格。如果教师居高临下，对学生缺乏必要的尊重，可能会扼杀他们蓬勃的活力、好动的天性和"小荷才露尖尖角"的创造愿望。为此，我们开展了"我与校长面对面"活动，当场解决学生在学习和校园生活中的困惑，让学生以学校主人翁的身份参与到学校的管理之中。我们还在全体学生中开展"教与学"问卷调查，对教师教学进行评价。这些制度化的活动，已经成为师生之间互相尊重、教学相长的重要途径。

学生有模仿、接近、趋向于教师的自然倾向，教师可以充分运用学生的这种"向师性"倾向，在建立和谐师生关系的基础上，达到"张扬个性，和谐发展"的育人目标。首先，我校要求教师要了解自己班级的每一位学生，知道学生的个性差异和不同需求，做到对症下药，进行有效的引导。其次，我校要求教师保持乐观积极、期待、耐心、包容、有成就感的态度，把每一位学生都看成希望的种子，不轻易放弃任何一个学生，用开放的胸襟对待学生的质疑，协助学生对问题做更深层次的思考，使学生在沟通中激发其某方面特长的发展。再次，我校还为每一位学生提供能展示自己的平台。通过开设每周一次的才华展现课，学生自己预定展示的时间。当学生展示完自己的特色后，教师再用鼓励、赞赏的态度进行点评，有效提升学生的自信心和学习动力。

### (3) 至情:是"我",更是"我们"

情感是师生间和谐心灵的桥梁。数学资优生具备少数学生才具有的理科优势,但也有和其他学生共有的生活、学习、成长上的困扰,甚至有些时候,恰恰因为他们的优秀反而给自己带来更大压力,比如来自家长、学校的高期待,自己的高要求等。

为了满足每位年级数学资优生更有针对性的需求,学校成立了"数学资优生年级组",从六年级到九年级共四个组,组长由各年级组长兼任,各班主任或副班主任任组员。以研讨学习成绩以外的其他问题为主,主要聚焦于突发事件、行为规范、青春期教育、心理教育、亲子关系等领域;研讨形式较为灵活,有专题讨论、讲座、个案剖析等,及时关注孩子的发展轨迹。再如,我们设立了"解忧杂货店"信箱。学校心理教师是位优秀的年轻教师,心理学专业毕业的研究生。因为年轻,具备了和学生打成一片的年龄优势;因为专业,相比其他学科教师,更懂得与学生沟通、交流,更知道如何引导学生朝着更健康、更适合的方向发展。心理教师为每位数学资优生所在班级设置了可以匿名倾诉烦恼的便捷信箱,学生可以将自己的困惑、困扰记录下来,投在信箱中,只有心理教师拥有打开信箱的钥匙。信箱成为这位教师下班前的最后一站。她会根据每件事情的轻重缓急逐一回复。心理教师也发现,很多时候,信箱是空的,但在有些时间节点上信箱中的困扰会增多,比如大型竞赛、有难度的测试前后等。她还发现,虽然这些孩子在数学学科、思维水平上有明显优势,但他们依然是十几岁的孩子,面临着和其他大多数学生共同的问题,如青春期问题、亲子关系问题、与同学交往问题等,只是不同群体在具体问题上的表现存在差异。此外,我校还请心理教师为其他学科教师开展了不同主题的培训和经验分享,让更多的教师了解这个年龄段学生的特征、知晓他们行为背后的心理机制、学习师生沟通的技巧等,科学育人,温暖育人。

### 2.2.5　提供丰富的活动体验

道德教育往往需要学生在实践中获得感悟和启发,才能真正融入自己的思想。一个人在亲身体验中的所学所悟很多时候超出我们的预设，可能连自己也未曾想到。教育部印发的《中小学德育工作指南》提到的六大育人路径中，"活动育人""实践育人"是其中两条路径。活动育人是指要精心设计、组织开展主题明确、内容丰富、形式多样、吸引力强的教育活动，以鲜明正确的价值导向引导学生，以积极向上的力量激励学生，促进学生形成良好的思想品德和行为习惯。实践育人是指要与综合实践活动课紧密结合，广泛开展社会实践，每学年至少安排一周时间，开展有益于学生身心发展的实践活动，不断增强学生的社会责任感、创新精神和实践能力。① 丰富学生的真实体验，是促进道德认知、激发道德情感、诱发道德行为的重要路径。

"行规养成教育""闪光之星""良好班集体"建设、民防特色活动、防灾安全演练，以及"家政作业""我是志愿者"是针对所有学生开展的活动。针对学校学生多、发展差异大的实际情况，在各级各类活动创建中，我们特别强调活动目标、内容、渠道的差异性和包容性，认真设置分年级、分层的要求，努力促进学生个性、身心和谐发展、循序发展。我们还在预备年级落实行规养成教育、初一年级开展"上海也有我的家"——上海与西藏学生联谊活动、初二年级开展"十四岁生日"综合活动、初三年级开展"从场馆看传承"的场馆考察活动等，用好、用足学生发展的时间节点，有针对性地帮助他们越过成长中的坎。在分层分年级的同时，根据学生兴趣、能力、个性、特长及文化背景的不同，我们更重视活动目标的创设和分解，努力从学生个性发展特点出发，创设适合他们的活动，满足不同层次学生的发展需求，也有助于提高他们发现问题、解决问题的能力。

### (1) 在体验中夯底气

如我校已与中铁十五局合作，创设以"从铁路的发展，看今天的中国"为主题的一校一品"看铁道、促成长"特色项目。在这个项目中，我们把参与该局的

---

① 教育部关于印发《中小学德育工作指南》的通知［EB/OL］. http://www.moe.gov.cn/srcsite/A06/s3325/201709/t20170904_313128.html.

社会实践活动作为主线,围绕培育社会主义核心价值观、培育爱国情感、传承革命创业精神及优秀文化,帮助学生确立建设祖国和实现中国梦的坚定信念。我们按年级结合学生思想品德的成长规律,确立"看祖国铁路大发展""学习铁道兵的英雄精神""学习铁路建设者的创新精神和实践能力""体验高铁发展,确立生涯发展目标"等四个环节,创设融学习、体验、参与和反思为一体的纵向教育架构,确保每一位学生能了解祖国铁路的发展,学习铁路建设者的大无畏英雄精神,增强为祖国富强而努力学习的信心。

习近平总书记说:"一个有希望的民族不能没有英雄,一个有前途的国家不能没有先锋。包括抗战英雄在内的一切民族英雄,都是中华民族的脊梁,他们的事迹和精神都是激励我们前行的强大力量。"中华民族是英雄辈出的民族,新时代是成就英雄的时代。袁隆平、屠呦呦、黄旭华、于敏、孙家栋……英雄功勋们用行动证明,只有坚定理想信念、坚定奋斗意志、坚定恒心韧劲,关键时刻才能站得出来,危难关头才敢于响应号召。这样的精神引领无数科研工作者冲在一线拓荒、甘为人梯奉献,铸就了中国的今时今日,也激励着青少年紧随榜样的步伐,在强国征程中不断筑梦圆梦。为引导学生深度思考或重塑自己的英雄观,引导青少年以科学家、爱国志士为偶像,在学校党总支的带领下,我校自 2021 年来创设了"礼赞功勋 致敬英雄"系列校级主题教育。每月解读一位人物,通过开展一次主题校会集体学习、开展一次主题升旗仪式进行交流分享等,与学生一起话英雄、赞英雄。正如习近平总书记所说:"崇尚英雄才会产生英雄,争做英雄才能英雄辈出。"

(2) 以自主促自觉

要让每一次活动都能在学生心灵中留下成长痕迹,关键在于激发学生参与的积极性和主动性。我们努力改变传统活动中教师是领导者、组织者,学生是被动的学习者的方式,让学生积极参与活动的策划、组织、运作和评价的全过程,让学生在能力、见识、反思等方面经受考验和锻炼,从而促进学生思想的内化、行为的升华。

如我们在开展劳动教育之"家政作业"活动中明确提出:"自己的事情自己

做、自己的计划自己订、自己的岗位自己找、自己的活动自己搞、自己的事务自己管、自己的进步自己争、自己的辅导自己聘、自己的难题自己解决。"把学生推向家庭的主角地位,提升学生发展的愿望,培养学生的自理能力、责任意识、学会感恩和服务,此项工作坚持至今,受到家长和学生的欢迎,也促进了学生各种能力的发展。此外,我们还依托一些综合实践活动,充分发挥学生主人翁的积极作用,通过活动主题的解读,引导学生自主参与,让他们包揽设计、排练、运作、评价的全过程,使这些活动成为学生喜欢的系列活动,也让每一位学生的心灵在活动中接受磨炼和启迪。如每年的"阳光之声"活动,从最初在学校礼堂的表演,到在大宁剧院或云峰剧场的全面展演,每次活动都需要近一个学期的准备。学生主动参与节目选材、年级海选、服装准备、场地洽谈、前期彩排、当天展示等环节。很多学生在寒假期间,有的甚至提前半个学期就着手准备节目。学生在这个舞台上展示自己的风采,张扬自己的个性,呈现他们最拿手的节目,收获了自信、勇气和对生活、对祖国的爱。师生和家长们的积极参与,让每一个人分享了学生成长的喜悦,也为铸造学生健康的身心和良好的品行创设了舞台和渠道。

### (3) 以视野开格局

爱国、爱家不是关起大门自说自夸,而是应该站在更为开放的环境中、在自由的空间下对学生施加合理的教育和引导。给学生创设各种各样的机会,引导学生在充分开放的环境和信息中树立信念、做出自己的判断,往小说是尊重,往大讲是负责,一种切实以促进学生长远发展、终身发展为终极目标的负责,也是一个教育者应有的情怀和责任。

"理科资优生综合素养培养""出国研学""学生参与外宾交往活动"等更适合部分学生发展需求的活动也开展得有声有色,帮助这批优秀的孩子认识自己、了解国情,从生活情境中感悟祖国的发展和对未来的期待,有效地培养了他们的综合素质。以"学生参与外宾交往活动"为例,我们在接待美国教育代表团、爱尔兰教育部长时,结合活动的特点,创设了学生参与环节,让尽可能多的学生(有数学资优生,也有其他学生)共同参与进来,激发学生的自豪感和爱国热情。一位学生在参加了访日研修活动后,激动地在升旗仪式上向师生汇报道:"我们走进佐世保市立广田中学,缔结真挚友谊,搭建文化桥梁;我们亲临福冈市民防灾中心,体验自然灾害,学习防灾技能;我们前往长崎原爆纪念馆,领悟了'珍爱和平,爱人如己';我们探访孙中山和梅屋庄吉纪念馆,感受了'天下为公,世界大同'……我们不仅把'知行合一'这句挂在嘴边的口号变为了切实的行动,更留给了自己一份荡漾在内心深处的感动。"

### (4) 在亲历中促内化

我们尝试让每一次活动发挥正能量作用,通过活动前引导学生明确自己参加活动的目标,活动后加强反思、交流、讲评,努力扩大教育成果。如"学做讲解员"活动,在参观"中共淞浦特委机关旧址""中共三大史料馆""四行仓库"等爱国主义教育基地后,我们不但把入团仪式引进场馆,还让一部分资优学生走进场馆,担任场馆的义务讲解员,在志愿者活动中提升学生的行为和思想自觉,促进学生思想的内化和升华。

## 2.2.6 引导家长积极参与

家庭教育是教育的真正起点。家校合作,是大教育观念下的必然产物,是教育生态系统的有机构成,也是可持续发展对教育提出的新要求。全国政协委员、中国青少年研究中心主任王义军在接受采访时提到:"家校合作说到底是孩子成长的需要,合作的状态是各司其职、分工合作。家长的职责是提高家庭教育胜任力和积极参与学校教育的能力,教师的职责是做好教育教学工作和帮助家长提高教育能力。"[①]家校通过丰富的资源生成、整合的教育力量介入和整体的环境协调,为学生成长提供更完整、更充分的条件,孩子也才能收获最好的教育。

### (1) 设置家访"三加二"

家访,访什么? 怎么访? 如何访更有效? 如何让班主任在家访过程中获

---

① 边玉芳,王义军.家校合作的责任与边界[N].中国教育报,2018-3-19(4).

得更大成长？为了引导班主任能够访前做足准备、访中方向明确、访后有所收获，我们制订了"三加二"家访要求。"三"是指"一份计划、一份记录、一份反思"，"二"是指"一个问题、一次分享"，这是学校对每位班主任家访工作提出的要求。每位教师在家访前后做到有准备、有思考、有记录、有反思、有改进，家访的实效和班主任的专业性都得以提高。

### (2) 开办"家长开讲了"

如何充分挖掘与激活家长资源，让不同背景的家长都能够找到参与学校工作的方式，包括参与学校管理、课程建设、活动设计，充实教育力量等？经了解，学校资优生大多来自高知家庭，家长职业种类较为多样，且许多家长在自己的职业领域成绩斐然。如果能够邀请部分家长结合自身优势、职业特性、工作经历等现身说法，既充实了学校的育人资源，又能拓宽孩子们对不同职业的认识，进一步认识到学习的重要性，认识到无论学习还是工作都需要良好的习惯和品质。"家长开讲了"由此诞生。学校根据学生需求和家长所长制订课程计划，设定课程内容，确定实施对象，教师对家长辅以教育方法的指导，一节节社会小课堂走进了市北初的每个班级。

### (3) 创设"家长教育微课堂"

如何引导家长更科学地育儿？我们创设了"微课堂"。这里的"微课堂"是我们对提升家长育儿水平不同类型课堂的统称。有线上的，也有线下的，有专家讲授，也有好文推送，主题广泛、形式多样。"微"是话题小、时长短的意思。学校集中专家团队及区内家教优势力量开展课程研发，提升家长的知识素养与教育能力，提高家教指导的科学性与教育性。考虑到家长实际情况，我们尽量压缩各课堂时间，提高其学习效率。比如，自 2019 年 2 月起，学校利用家校沟通平台，每月推出一期《家长心理课堂》，向家长传播能解决学生心理问题、行规成长中的有效方法，提供适切的关怀和帮助。借助心理健康月平台，面向全年级学生征集"家庭视频采访"评选活动。由学生自主设计问题，以"父母的初中时代""父母的心理调节""父母的职业"等为话题，制作家庭视频采访，促进亲子合作、助力亲子沟通。

### (4) 延续"家长沙龙"

家校合作中遇到的问题有哪些？怎么解决？这是我校面向资优生群体的家长沙龙的主要使命，"问题库、点子铺"是我校对家长沙龙的亲切称谓。这个沙龙主要由任教资优班级班主任、学科教师及有兴趣一起加入进来的其他教师组成。家长育儿困惑、教师家校沟通的困惑、学生亲子矛盾的困惑，每个大类困惑中又有一系列小问题，这些都是教师们探讨的话题。资优孩子群体除了具有和一般孩子的共性问题，也有他们更为凸显的一些问题，比如因为更加聪慧，在学校也更会隐藏自己的烦恼、情绪，有些问题放置久了，可能会由小变大，若能和家长互通，全面认知，更加有助于问题的及时解决。再如有些资优生家长对孩子期望较高，不仅父母期望高，祖辈的期望也高，再加上一部分学生的自我高要求，内外环境长期高压对孩子成长是不利的，等等。

凝聚智慧、破解难题、寻求突破，我们希望能够在一类类、一个个问题的不断解决中，让教师、家长都能够有所成长，大家共同还孩子一个这个年龄段本就应该享有的、生态化的生活、学习环境，为他们的健康、快乐成长保驾护航。

## 2.3 提升教师的育德能力

《义务教育数学课程标准（2022 年版）》"主要变化"中提到了完善培养目标："全面落实习总书记关于培养担当民族复兴大任时代新人的要求，结合义务教育性质及课程定位，从有理想、有本领、有担当三个方面，明确义务教育阶段时代新人培养的具体要求。"文件还强化了课程育人导向："各课程标准基于义务教育培养目标，将党的教育方针具体化细化为本课程应着力培养的核心素养，体现正确价值观、必备品格和关键能力的培养要求。"课程标准代表着一门学科的价值走向和基本遵循，变化或新增意味着"重视"且"重要"，这种变化能否落地、多大程度落地，关键在教师。任何一门学科，其内在的科学性和思想性是统一的，相应地，教师教学的知识性与教育性也是统一的。从这个层面上讲，提高教师育人能力是教育工作的必然要求。

学校是教师专业发展的主要场所,我们多措并举,致力于打造出一支"乐学习、善反思、会研究、敢创新、勇突破"的教师队伍。教育界齐心协力,才能实现《国家中长期教育改革和发展规划纲要(2010—2020 年)》所提到的"努力造就一支师德高尚、业务精湛、结构合理、充满活力的高素质专业化教师队伍"的目标。

### 2.3.1 发挥班主任的排头兵作用

班主任是中小学校德育工作的主力军。班级纪律、对学生的个别化教育、与家长的沟通协调、与学生的沟通、班级活动的策划与组织等都是班主任的职责范围。班主任在大小事务的处理与应对中,增加了与学生的接触,也积累了更多育人经验和心得。那么,怎样沉淀班主任的育人经验呢?怎么将骨干班主任的经验传递给新班主任,传递给所有学科教师呢?班主任如何与学科教师充分联动共同致力学生全面、健康成长呢?

其一,让骨干班主任释放价值:以老带新,以老促新,重在培养年轻、优秀、骨干、特色班主任。学校组织开展"师徒帮带结对子"的岗位责任培训,建立健全正副班主任资格聘任制,要求刚参加工作的青年教师做为期一年或一年以上的副班主任,充分发挥有经验的老班主任的"传帮带"作用,以老班主任的高尚师德、对事业的执着和奉献精神来感染副班主任,用年轻班主任的大胆开拓进取精神来激发老班主任,促使老少共进。我们要求正副班主任不仅"为人师表",而且要"爱党爱国爱教爱校爱生",放手让副班主任去做实际工作,要求他们参加班级管理,经常接触学生,了解学生思想、学习和生活情况,不断提高科学管理的能力。学校对副班主任进行师德修养、业务水平、组织能力、参与管理等方面的综合考评,从中挑选出年轻、优秀、骨干、特色的副班主任担任正班主任,大胆地给他们指路子、压担子,重点培养。学校对正班主任仍然实行资格聘任制,不称职的可以解聘,打破了传统的班主任"终身制"格局,极大地激发了班主任的岗位责任感。

其二,让所有班主任互学共进:开班主任经验交流会,树典型、立标兵,使班主任学有榜样、干有方向。学校每年举办班主任经验交流会,宣传班主任好的工作方法、先进事迹,请工作有成绩、有特色的班主任介绍经验。学校还不定期地组织班主任学习教育理论、兄弟学校的班级管理办法,在充分研讨的基础上形成共识,取别人之长补己之短。我们会对成绩不明显的班主任给予定期的工作指导,尽量给他们提供方便,解除后顾之忧,促使他们不断提高工作能力,树立干好班主任工作的自信心。用优秀班主任的奉献、创新精神来激发班主任的使命感,增强献身于班主任事业的自觉性。在班主任队伍中开展"讲师德、讲奉献、比工作、比成绩"的"比学赶帮"的竞赛活动。同时,学校还要求每人每学期都做详细的班主任工作小结,通过专题小结把班主任队伍建设的科学与科学地建设班主任队伍的实践有机地结合起来。

其三,让所有教师同研同行:促进班主任例会、教职工例会的功能转型,由纯事务型向研修型过渡。学校通过减少事务性会议次数、提高会议效率等途径为全体教师的专业提升节省时间。学校不定期组织班主任与其他学科教师面对面活动,请有积累、有思考的优秀班主任通过专题培训、主题交流、案例解析等多种途径和学科教师一起走近学生,将他们在个体教育、集体教育中积累的经验传递给所有同仁。因为教师之间彼此熟悉,许多教师面对的是同一批学生群体,讨论氛围更轻松、范围更广、更有深度。

### 2.3.2　人人都是德育工作者

古人云:"师者,所以传道受业解惑也。""受业"是师之责,"传道""解惑"也属于教师的职责范畴。《中华人民共和国教师法》第八条对教师义务的规定中明确指出:"关心、爱护全体学生,尊重学生人格,促进学生在品德、智力、体质等方面全面发展。"这是对"教师"义务而非"班主任"义务的统一要求。2017年,教育部发布的《中小学德育工作指南》中也提出要求:"充分发挥课堂教学的主渠道作用,将中小学德育内容细化落实到各学科课程的教学目标之中,融入渗透到教育教学全过程。"这里的主语是全体教师,而非仅仅是班主任。也就是说,无论从政策层面还是从"教师"自身属性来说,"育人"是每位教师应尽的义务和责任。然而,现实教育过程中,班主任这一群体被习惯性冠名学校德育的显性工作者,肩负着教学、育人的双重使命,其他教师则主要承担教学工作,育人一定程度上演变为一些教师可为可不为的"附带性"任务。时间久了,这种看法似乎成了教育界习以为常的"许多学校都这样""大家都这样"的"从众式"默许,印入众多教师的意识中。更为严重的是,这种"从众"现象在一届届新任教师中逐年延续。

面对这样一种教育现实,要打破常规,让更多教师逐渐回到教书育人的轨道上,营造全员、全程、全学科育人的自觉氛围,需要勇气,需要策略,更需要行动。我校是上海市中心城区的一所公办初中,生源整体较好,家长对孩子成绩非常关注,相当一部分孩子从小学开始经历着各级各类竞赛,对成绩的追求热度居高不下,这为"人人都是德育工作者"的理念转变和实践推进带来更大挑战。但挑战大不过责任,挑战再大,也要敢于直面。那么,如何立足现阶段教师工作的实际情况,做到既能够回应相关政策、文件的精神和要求,又能充分调动更多教师进一步明晰自身职责,全员、全方位落实立德树人的根本任务呢?

以"学科德育"为切入点,"试点先行、以点带面、全科覆盖"是我校领导班子制订的全校范围内落实全员、全程、全方位育人的"十二字方针"。"试点先行",是指先找试点学科,从一门学科着手开始研究育人途径,待摸索出一些经验后,再"以点带面"向其他学科延伸,经过长期探索和实践,逐渐达到全学科覆盖、教师全员覆盖,最终实现"人人都是德育工作者"的目标。

在"十二字方针"实施前,还需找到教师落实学科育人的难点。我们发现主要有两点原因:一是教师育德意识不够。有教师认为,平常教学中已经包含了育人的任务和内容,现在提学科德育、学科育人,无非是搞了个新名词,没多大实在意义,是在架床叠屋;也有教师认为学科里面大量是知识的内容,没有太多育人内容可讲,硬要讲学科育人,大家只能贴标签了。二是育德能力不够。有教师认为,通过学科教学同步落实育人工作是件好事,也承认学科中有丰富的育人资源,尤其文科教学中资源更为丰富,但自己不清楚如何操作,没有足够的方法、资源,也没有足够的精力去做这件事。所以,如何在意识层面,进一步提高教师对学科德育重要性和必要性的认识;在操作层面,进一步满足教师对德育方法、路径及资源的期待,这是首先要考虑的问题。

综上所述,我们的初步行动为:一是制订各学科育人实施方案,旨在提高教师育德意识和能力;二是经过领导班子的一致讨论,试点定在数学学科,这是我校优势学科之一,师资力量更强,一部分数学教师在长期育人或陪赛过程中已经有了学科教学本身以外的思考和积累,只是缺少系统整理或者尚未意识到还有"学科德育"这样一个研究领域,我们借机将这些比较零散、原始而又宝贵的经验进行梳理、提炼,形成以"数学学科"为圆心,所有学科同研同行的协同推进模式,为后续数学学科、理科乃至所有学科做迁移、推广,切实将全员育人落到实处。

我们期待,通过所有教师的共同努力,能够将每位教师个体不自觉的育人行动凸显化、系统化,将教师的自发行为转化为自觉行为,将零星的火花转化为系统的经验,将个体的创造转化为集体分享的智慧。然后,集中全校教师的智慧一起去尝试,在草根经验的基础上,提炼出更多的操作性经验,挖掘出更多可以共享的实践资源,帮助教师在精力优化的前提下,掌握方法,获得资源,进而整体提高全校教师的育德意识和能力,更高效地落实育人目标。

以下是我们制定的《市北初级中学数学学科德育工作实施方案》。


## 市北初级中学数学学科德育工作实施方案（2012 学年）

市北初级中学积极贯彻落实《中小学德育工作指南》《上海市初中学生综合素质评价实施办法》《上海市教育委员会关于深入推进本市中小学学科育人工作的实施意见》,以及中小学生核心素养等文件精神,结合学校办学理念、学科优势等,以数学学科为试点,充分挖掘和提炼学科中的德育内涵,探索与创新实施途径,逐步实现德育与学科教育有机融合,强化数学学科的德育功能和所有教师的德育职责,逐步提升教师的育德意识和能力,实现育德与育智的和谐统一。

一、背景介绍

数学学科是市北初级中学的优势学科,多年里,教师、学生在数学教育领域取得了一些成绩,获得了一定的社会影响力。学校数学教师在注重知识讲授的同时,也会结合学科内容落实新课改其他二维目标,但不可否认依然存在三维目标失衡现象。加之与语文、历史、政治等学科不同,数学因其固有的自然学科属性决定了其在育人价值的挖掘与落实上的高挑战性。随着近年来基础教育方面相关文件的陆续下发,学校领导班子带领全校数学教师领会文件精神,不断思索着新时期下学校数学学科功能转型的视角与方向。以学科德育为视角实现数学教育功能的转型,由知识导向为主逐渐向德智相融的过渡,便是在这样一种背景下诞生。

二、方案目标

通过构建学校数学学科德育推进工作的顶层设计,探索推进学校数学学科德育的主要途径与方法,提炼数学学科德育方面的可操作、可复制、可推广的典型经验与案例,拓宽数学学科德育推进经验对其他学科的覆盖面等多种途径,促进学校数学学科教师育德意识与育德能力的提高,切实将"德智融合"的理念运用于教育教学实践中,实现学生知识体系与价值体系的统一,提升学生综合素养。与此同时,进一步擦亮学校数学教育品牌。

三、推进年级

本校六到八年级。

四、主要任务

(一)确立明晰的数学学科德育目标

以初中学生综合素养的培育为总目标,以最新初中数学学科课程标准为依据,以初中数学核心素养为重要参考,结合数学学科本质特征,系统梳理初中数学学科德育目标体系。数学教学应突出培育学生的严谨思维、理性精神、数学审美、爱国主义等。

(二)构建科学的德育内容体系

根据数学学科专业特点,深入挖掘提炼其中蕴含的德育价值和德育元素,寻找德育与学科教学的契合点,明确(校本)教材编写、教学设计、课堂教学、教学实施、作业设计等环节的德育要求,突出学科专业的科学属性、社会属性和育人属性,坚持整体设计与分阶段实施相结合,教学目标与德育目标相融合,基础性课程与拓展性、研究性课程相互补充,科学构建系统的德育内容体系。

（三）探索有效的德育方式

立足新时代初中学生思想道德及价值观发展需求,坚持知识学习与体验学习、学校学习与实践体悟、合作学习与自主学习等的统一,贴近学生、贴近实际,加强学科专业德育规律和实效性研究,积极探索有效的学科专业德育方式。

五、实施途径

（一）数学学科德育融入学校办学目标的顶层设计

学校将学科育人的理念融入到学校办学目标中,分解到学校年度工作计划中,切实明确学科德育在学生培养中的目标、地位、功能和实施办法等,为教师学习、实施学科德育提供依据。

（二）数学学科德育融入学校各类课程体系

按照上海市学科育人文件等的要求,根据数学学科的课程特点,充分发挥课程育人价值,包括基础性、拓展性与研究性课程,使显性教育与隐性教育融会贯通。

1. 在教学目标上,坚持数学教学目标与德育目标有机结合。数学教师在备课过程中,要深入挖掘教材、课程的德育内涵和德育点,做好具体设计。

2. 在教学内容上,注重知识内容与德育内容相互渗透。数学教师在授课过程中,要结合本年级学生发展特征与学科特征,选择能够有效地体现德育目标要求、接近学生生活的德育素材;尤其在校本课程内容的编制上,更要做好内容上的顶层设计,实现价值观塑造与学科教育目的的有效融合。

3. 在教学方法上,提高授课方式的灵活性。除单向讲授外,还需根据学科内容性质与学校已有成果积淀,采取情境体验、做小课题等多种教育方式,帮助学生建立起完善的德育知识结构、培养健康的德育情感和道德判断能力以及养成正确的道德行为习惯。

（三）完善推进数学学科德育工作的相关制度

完善学校绩效奖励制度，将数学教师推进学科德育的先锋试点工作量纳入学校绩效工资考核指标，从政策层面激励和保护教师工作的积极性；同时纳入学校教研制度中，切实保障该项工作的常态化落实。

（四）以专题研训提升教师育德意识与能力

学校通过专家与教师力量的联合，以业务能力和德育能力双提升为目标，通过分专题、成系列的集中培训，基于课程德育目标探索、德育点挖掘及课堂德育模式探索等的教学研讨，对话反馈，总结提升，德育与学科教师的联合教研，创新研训方式等多种途径，提高教师认同感，着力培育和打造一支业务能力强、德育能力强的专业教师队伍。

（五）以教育科研引领教师的实践探索

加强科研引领，成立学校龙头课题，鼓励教师们选取小切口承担子课题，通过课题群的形式打造市北初级中学数学教师研究与发展的共同体，保障学科德育工作的常态化、专业化开展。

（六）强化成果的沉淀、转化与推广

这里的成果既包括研究性成果，也包括实践探索性、制度性、平台创建等成果。学校在推进学科德育过程中，增强教师成果意识，为后续该项工作的学科迁移与推广打好基础。除了教师或教研组的成果积累外，学校还会根据研究进程不定期召开成果共享会、开展沙龙活动等，对本学期或本年度研究与实践成果进行交流共享；制作案例集，通过校报扩大成果宣传力度；注重阶段性成果与教育实践之间的螺旋上升式佐证等，不断提高研究与实践的效能。

六、组织实施

（一）成立学校数学学科德育领导与研究小组

成立学校数学学科德育领导与研究小组。项目组长：校长，主要负责整体规划、统筹安排、组织协调等工作。项目副组长：数学教研组长、德育主任，主要负责组织协调、系统推进等工作。项目组成员：学校全体数学教师。各位教师各司其职、各尽所能,形成协同配合、系统推进的工作格局,保障学科德育落到实处。

(二)通过区校联动协同推进学校数学学科德育工作

加强区校联动,聚力数学学科德育师资专业提升,强化合力共推机制。学校充分运用区域学科德育优势资源,通过校本化实施与探索,切实转化为促进本校数学学科育人工作的有力资源。

(三)努力构建"五位一体"全方位推进数学学科德育的绿色生态

以数学学科德育目标为原点,通过课程融合、系统培训、专题教研、科研引领、制度建设等五种途径有侧重、分阶段有序推进,努力建设一支具有较高政治素质、良好数学素养的教师队伍,不断提高学校教师育德能力,构建全方位推进数学学科德育的绿色生态。

### 2.3.3 是教师,也是导师

班级制依然是我国中小学主要的教学模式,一个老师面对几十个孩子,精力有限,难以在课堂中顾及每位孩子,统一的要求又势必会影响到孩子们的个性需求。小班化教学、走班制都在一定程度上迎合了孩子们更为个性的发展需求,但从目前的师资和学生配比来看,这两种模式难以大范围普及。相比之下,导师制更符合我国教育现状,可行性更高。加之市级、区级层面的政策驱动,我校积极投入到这项工作的探索和实践中。

中小学全员导师制,是学校全体教师按照一定机制与学生匹配,通过与学生建立良师益友的师生关系、与家长建立协同合作的家校关系,对学生进行全面发展指导和开展有效家校沟通,促进每一个学生健康快乐成长的一项制度。通过建立学生人人有导师、教师人人是导师的制度体系,切实增强全体教师的育人意识和育人能力,强化学校教育主阵地作用,优化师生关系和家校关系,减轻学生过重的学业负担、心理压力和家长的养育焦虑,引导家长树立正确教育观念、掌握科学教育方法,构建与现代教育治理体系相适应的和谐师生关系、家校关系和亲子关系,打造"家—校—社"协同的学生全面发展支持网和身心健康守护网。

为了把全员导师制做实落地,我校德育室自 2021 年初就开始酝酿,并制定和完善了《市北初级中学全员导师制实施方案》,以"思想引导、心理疏导、学业辅导、生活指导、生涯向导"为切入点,以教师自身优势的开发利用为第一资源,以社团活动、拓展课程实施为载体,双向选择、全面关爱、因材施教,深入实施全员导师制,凝聚教育新合力。

**(1) 全员参与,覆盖每位师生**

为了让 1800 余位学生都有适配的导师,在校长室的统一协调下,德育室按年级完成对全体学生情况的排摸汇总,特别关注到了港澳台学生、外籍学生、少数民族学生、随班就读学生等特殊群体。为了更具有针对性,我校的导师分为常规导师和专业导师两大类,年级所有任课教师作为本年级的常规导师,而专业导师包括了心理教师、青保教师和所有的行政人员。在每位导师和结对学生的师生比不超过 1∶15 的前提下,学生通过"问卷星"分年级网上自主选择常规导师,1 选 1;特殊学生,尤其心理、行规方面问题更为凸显的学生,添加专业导师结对,确保全员育人导师制的落实到位并关照到学生的个体差异和成长需求。

## 从教师走向导师——重塑职业身份

数学学科是我校的优势学科,承担着学校课改先行先试的任务。我校数学教研组的教师在长期教学实践中,针对不同学生从形象思维转变到抽象思维在速度和程度方面存在的极大差异,尝试从数学能力、学习动机和创造性思维方面识别学生,通过用心观察学生在认知、情感、态度与价值观等方面的表现和动态追踪,发现了一些数学资优学生的重要特征:喜欢独立思考,不断追求真理,却往往不喜欢受外界约束;对知识有强烈的好奇心,面对困难与挫折却难以平和面对。促进优势特长带动全面发展是我们面临的现实问题,也是对国家拔尖创新人才培养的回应。

2011级的张同学和严同学,刚入学就展示出在数学学科上的突出优势,数学课上的知识他们轻易就能掌握。这个时候教师的感受力显得尤为重要,教师用发展的眼光敏感而及时地捕捉学生需求,顺学而导,提供"数独""畅游数学王国""逻辑与思维"等一系列探究类、实践类课程,让学生在享受课堂美趣的同时培养自主学习、持续学习的习惯。同样,优秀的教师能够感染、激发、唤醒、开发学生的潜能,通过学校的系列课程,拓宽学生知识视野,努力培养他们研究的志趣。人文素养可帮助生命个体在自律与他律的过程中,增加享受生活与创造生活的乐趣与能力;各类体育、美育和劳动教育课渗透思维挑战和创造力培养;个性化、亲情化、对话式的指导,让生命的差异性得到充分尊重。张同学在他初中毕业的第二年进入国家队并获得国际数学奥林匹克(IMO)金牌,此后连续三届获得阿里巴巴全球数学竞赛银奖。最近,他和他所在的麻省理工学院团队在高维等角线研究中发现并证明了一个新定理,并由此成功解决了困扰科学家们70年一直悬而未决的问题。2018年,严同学以清华领军上海第一的成绩考入清华大学。2021年7月9日全国上映的电影《大学》以三年纪实跟拍,呈现了四位清华人的人生故事,献礼清华大学110周年校庆。作为影片的第一个主人公,他青春自信、拼搏向上、满怀理想的形象,深深打动了所有的观影者。

一个人的天赋之才常常以兴趣爱好的面貌出现,而这种充满激情的热爱一旦被及时正确地引导和滋养,加上自身的努力,他的资优性能就如同喷泉那样汹涌而出。近年来,我校毕业的学生中,在高中阶段累计有297名获得上海市、全国、国际数学竞赛奖项;9人获得国际数学奥林匹克(IMO)金牌;2人分获国际物理及化学奥林匹克金牌;2人获阿里巴巴全球数学竞赛银奖。

从上述案例中,我们深切体会到,当作为一种资源、媒介、参考框架的课程计划,通过师生的共同诠释和自主构建,真正转化成师生体验到的教育经验时,才是有意义和价值的。教育的个性化和主体化,让教师认识到每位学生都是一个有着不同发展特点的具体的生命个体。因此,教师要以每位学生独特的知识背景、学习兴趣、认知特点为基础和依据,制订并提供不同的课程目标、课程材料及呈现方式和评价方式,激发内在驱动力,让每位学生在原有的基础上得到最优发展。教师不仅担负着管理课堂、传授知识的职责,更要承担开启学生心智、培养健全人格等价值构建的任务。顺应时代,学校需要引导教师重塑职业身份,主动从教师走向导师,善于教书,不忘育人。关注学生需求和精神成长,不仅做学生知识的引领人,更要做学生的人生导师。

### (2) 全面育人,优化过程管理

全员导师制突破原有的班主任受限于班级人数众多的教育瓶颈,引导每位导师依托于日常的教育教学工作和导师制活动的开展,深化对结对学生的全面了解,融入人文关怀,努力成为学生"思想上的引领者、学业上的指导者、生活上的帮助者、心理上的疏导者、生涯上的规划者",使每位学生在成长过程中受到充分的关爱,健康快乐成长。导师定期用学校自制《市北初级中学导师工作手册》记录教师教育心得和学生成长点滴,打造共同反思、共同提升的动态化、发展性教育过程,确保全员育人导师制真正落实到行动上,落实到育人成效上来。学校建立导师管理制度和考核制度,定期组织相关教师对"手册"进行检查,通过问卷调查导师工作落实情况;定期评选优秀导师并予以表彰,强化导师的责任感和荣誉感,促使导师自觉主动地走到学生中间,对他们进行心理疏导、学习指导和生活引导,促进学生健康成长,全面发展。


## 市北初级中学导师工作手册

### 一、指导思想

坚持以习近平新时代中国特色社会主义思想为指导,全面贯彻党的教育方针,落实立德树人根本任务,构建全员、全程、全方位的育人工作体系,遵循教育规律和学生身心发展规律,促进每一个学生的健康快乐成长,培养担当民族复兴大任的时代新人和德智体美劳全面发展的社会主义建设者和接班人。

二、工作目标

通过建立"学生人人有导师、教师人人是导师、家长人人联导师"的制度体系,切实增强全体教师的育人意识和能力,深化班主任与学科教师的协同合作,优化教师与家长之间的家校沟通,缓解学生过度的学业压力、情感压力和家长的教育焦虑,重构与现代教育治理体系相适应的和谐师生关系、师师关系、家校关系和亲子关系,打造"家—校—社"共育的中小学生全面发展支持网和身心健康守护网,显著提高学校育人工作的针对性和实效性。

三、工作措施

(一)一校一策

1. 导师类别

常规导师:任课教师(按学校年级组名单匹配)。

专业导师:心理老师、青保老师、行政领导。

2. 配比原则

每位导师与结对学生的师生比不超过1∶15。

3. 匹配方法

学生通过"问卷星"分年级网上自主选择常规导师,1选1;特殊学生(心理、行规)另外添加专业导师结对。

(二)明确任务

1. 规定内容:完成"三个一"

一次学生家访:导师要事先与班主任做好沟通工作,开展一次学生家访。

一次谈心谈话:导师要在每学期的重要考试前后、学生生活发生重大变故等关键时间节点,与学生进行一次谈心谈话和开展家校沟通。

一次书面反馈:导师要围绕学生本学期的成长发展情况,以积极肯定、正面鼓励和挖掘学生的"闪光点"为导向,撰写个性化《成长寄语》向学生及家长进行书面反馈。

2. 自选内容:完成"三选一"

参与一次结对学生的主题教育。如:主题班会、主题队会、年级集会等。

参与一项结对学生的阳光体育活动。如：运动会、体育节、篮球晨练等。

参加一项结对学生的社会实践活动。如：社会考察、职业体验、公益劳动、安全实训等。

（三）归口管理

1. 原则上限定由班主任和导师开展学生家访和家校沟通，其他教师不得随意与家长沟通。

2. 班级钉钉群是学校开展家校沟通的唯一线上平台，班级钉钉群由学校统一建立，教师不得私自建立与家长、学生相关的线上沟通群，班级钉钉群的管理严格按照《上海市市北初级中学钉钉群管理公约》执行。家校沟通中要减少"云沟通""键对键"，提倡"声对声""面对面"。

3. 当遇突发事件需要学科教师介入时，班主任和导师要做好"协调者"，统筹安排家校沟通内容、方式和频次。

四、工作原则

导师在开展学生指导和家校沟通工作时，必须坚守良好师德师风，恪守相应的职业伦理规范，保护学生和家庭隐私，严格遵守教育部《新时代中小学教师职业行为十项准则》的底线规定。在工作中发现学生存在严重心理障碍或潜在心理危机时，须及时上报并启动学校应急预案，会同相关专业教师开展评估和转介。

五、检查反馈

1. 每学期，导师在规定时间节点完成"三个一"和"三选一"工作，并完成《导师工作手册》的书面填写。

2. 每学期，学校定期组织对《导师工作手册》的检查，并通过问卷调查导师工作落实情况。

3. 检查结果，学校在一定范围内进行反馈，并对优秀导师予以表彰。

附：导师工作记录。

| 结对学生姓名 | | | 班级 | |
|---|---|---|---|---|
| 项目 | | | 时间　地点　主要内容 | |
| 规定内容完成三个一 | 学生家访 | | | |
| | 谈话谈心 | | | |
| | 成长寄语 | | | |
| 参加学生活动三选一 | 主题教育<br>（　　） | | | |
| | 阳光体育<br>（　　） | | | |
| | 社会实践<br>（　　） | | | |

### (3) 修己惠人,凝聚教育合力

全员导师制在我校顺利开展,更多学生的心声被老师们所倾听,学生更多的困惑和情绪在和导师的接触中得到了解决和舒缓,"我的导师"成了学生们校园生活中的热门话题。当然这项工作刚刚起步,还有很多困难需要去克服。

学校安排专职的心理老师定期为导师们提供培训,通过对校内案例的剖析,解决导师们与学生和家长沟通过程中的关键问题。如近期我校心理专职老师就从表象、内在及原理多角度剖析两个有心理问题的特殊学生教育案例,使我们每位导师都有了提升,可以更准确了解特殊学生的诉求并提供更有效的情感支持。学校将进一步统一思想,提高站位,不断总结工作经验,定期组织优秀导师分享案例,争取将"全员导师制"工作做出学校品牌,做出实绩。

### 2.3.4　打铁还需自身硬

细品我校数学资优生校友们的感言会发现,学生提及次数多的老师不是只会"做题—讲解—做题"机械化训练的老师,而是对学习之外的东西,那些曾经肯定、信任、包容、启发他们的老师。即便提到老师教他们做题的片段，也多是那种讲完题目，还会有所延伸的老师，延伸到与题目相关的一位数学家、一段数学史、一个数学故事，乃至引出一种思想、一种人生境界。刷题的记忆，可能也会让学生终身难忘，但这些记忆更多停留在浅层回忆或与人谈资中，真正印入深层认知、情感层面的是考试、刷题及成绩以外的东西。关于好教师的标准，没有定论，但可以确定的是，真正的好教师是学生心目中的好老师。这些校友录所记载的只是漫长教育过程、众多教育事件中的一角，立足新时代、新形势，面对新要求、新需求，唯有走到教育现象的背后、走进学生的内心深处，才更有资格、更有能力成为学生健康成长的指导者和引路人。

## (1) 在破解难题中突破

人类认识世界、改造世界的过程，就是一个发现问题、解决问题的过程。"办法总比问题多"，是我校教师尤其是带过数学资优生教师的共同感触，按照他们的话说，"是被这帮学生逼的"。面对一批批"思维的野马"，恍然发现原来还有那么多未知等待自己去探索，还有那么多问题等待自己去挑战。教师们还意识到，问题背后往往孕育着机遇，潜藏着教育教学、班级管理改进、优化的方向。发现、正视、提炼、分析，在问题解决中寻求发展的出路与新境界，也是一件有趣且有成就的事情。

数学资优生德育是一个相对较新的话题，就像前面数学资优生问题呈现中所提到的，这批学生有同年龄孩子所具有的共性特征和问题，但也存在他们更为凸显的个性特征和问题。在全市、全国初中生中，这批学生数量很少，相关的探索和可借鉴的教育成果也比较少。但这些少数群体又不是可有可无的少，而是"重要的少数""关键的少数"，他们对将来社会、国家的贡献很可能是巨大的。这里面有很多新问题、新现象、新困惑等待我们去探索。探索的过程既是充分挖掘与发挥这些孩子潜能的过程，也是加速自己专业成长的过程。

在我校数学资优生的一些教育问题也更加凸显，如：

我校数学资优生是数学佼佼者，他们在小学是经常被表扬的对象，但来到现在班级,总会有一些"牛娃"在里面,一部分学生就会感到明显的心理落差,优越感不再,甚至会觉得自己水平"变得"一般了,自己也努力了,可就是赶不上,长期的落差和挫败感可能会引发学习动力不足、循环无力感、不思进取,甚至自卑心理、厌学情绪。从哪里寻找问题解决的突破口?如何帮助这些比较优秀的孩子形成合理的认知,获得更好的发展呢?

对于班级中数学顶尖的一批学生,他们的水平不仅远超同龄人,到了八年级,甚至解题答题上会超过一些教师的水平,或者教师会做一些难题,却不清楚如何清晰地讲解,有学生就会对教师水平产生怀疑,倘若教师没有及时、合理的引导,就会导致学生对教师的信服力、敬佩感降低,学生自我中心程度也随之加剧,怎么办?

……

任教普通学生所获得的教育经验一部分可以迁移到数学资优生教育问题的解决中,但有些问题的独特性还是需要更具针对性的育人方法,这对教师们是一种挑战。资优生较之物质、表象层面,关注点更多在思想文化和精神方面。信息技术的发达和便捷让教师和学生都能获得足够多的信息,一些学生对信息的综合分析、处理能力很强,加之部分孩子在家庭教育中的耳濡目染,教师在价值观教育等涉及思想、精神等方面的引导上,一旦说教不当、言论不严谨或自身掌握、处理信息时没有做足准备,在这类思维活跃、心理叛逆孩子身上引发的不满甚至反感情绪会比一般孩子身上要明显,这对教师的综合素养提出了更高要求。还有一些更为中观的问题,如本章第一节中所提到的资优生面临的民族精神培育、人际交往、心理韧性、重知轻行等一系列问题,德智融合不是一句口号,不能止于各级各类文件,它需要实实在在去推进。小坎儿小收获,大坎儿大发展。我们的孩子和教师正是在一个个大大小小的问题分析和解决中不断成长着。

### (2) 在教育常规中求变

当今世界正处于百年未有之大变局,国际形势风云变幻,气候、资源、生物安全等对人类生存环境构成了严重威胁,中国的发展也正遭遇前所未有的挑战,高素质创新人才的培养比任何时候都更为迫切。青少年时期是创造力培育的最佳期,如何从源头抓起,从日常入手,激活全体学生的创造力,是当下基础教育不容回避的现实而又急迫的问题。中共中央国务院于 2016 年印发了《国家创新驱动发展战略纲要》,指出:推动教育创新,改革人才培养模式,把科学精神、创新思维、创造能力和社会责任感的培养贯穿教育全过程。《关于全面深化新时代教师队伍建设改革的意见》明确提出:到 2035 年,教师综合素质、专业化水平和创新能力大幅提升。此外,《中国教育现代化 2035》《关于深化教育体制机制改革的意见》等文件,也都强调对创新思维、创新人格的培养。这些研究或政策文本为指向学生创造力培养的教学深度变革提供了重要指导。

在政策要求和导向下,培养与提升教师的创新能力成为教师教育领域的重要命题。教师要跟上社会的脚步,跟上教育新形势的发展,教学方法上不能墨守成规,要有与时俱进的教育理念,才能成为一名有思想的新时代教师。加之我们的教育对象比较特殊,对教师提出的要求只会更高。充分激发学生的创造力需要与时俱进、乐于接受新思想、敢于突破、勇于探索的教师,需要能够在瓶颈中匍匐、在挑战中高歌、求新与韧性兼具的教师,这不是短期内可以完成的任务。我校已将指向学生创造力激活的教师教育、教学胜任力提升纳入学校每届四年发展规划中,作为一项长期、必需的使命、目标和任务贯穿在学校教育教学管理、工作常态中。

### (3) 在常态研究中提升

"我们班,数学尖子生多,男女比例达到了 5∶1,男生相对较多,容易导致课堂、课后纪律松散,课堂上经常出现不遵守纪律的情况,加上大部分学生都在超前学习,课堂上老师所讲的知识对于部分学生来说都是学过的内容,而且他们的接受能力非常强,这就导致他们上课专注度下降,相互之间说话,还有的学生数学课上做其他科目的作业……"这是来自理科班一位年轻班主任的困惑。

理科班的化学老师也发现了类似现象,回应并分享了自己的想法和经验:"对的,我也意识到这个问题了。这些家伙脑子转得快,要调动他们的注意力和兴趣,得对他们提出更高要求才行。后来,我在课程设计上提高了难度,虽然一部分内容对于课程标准、考试说明是'超纲'的,但对于这些孩子,恰恰能满足他们的内心需要,感受到摘桃子、跳一跳的乐趣和满足感。确实实验下来效果挺不错。所以,我觉得,对这些孩子,不能拘泥于大多数学生适用的教材体系、教学进度,得设计出体现知识联系、思维升华、素养建构得有更高难度和挑战性的教学设计。他们感兴趣了,自然而然就能安静下来,课堂纪律会好很多。"

这是来自学校组织的一项系列性活动"问题面对面"中的声音。同质群体间的研讨是促进这一群体中每位人成长的一个重要路径。一批有着相似育人经历、面对同一批教育对象的老师坐在一起,诉说困惑、寻求经验,大家在轻松、自由的环境下,在一个个真实问题的呈现、剖析、解决中获得实践性收获。"问题面对面"活动从之初老师们的自发行动到有组织、有计划的常规活动,备受教师尤其是年轻教师的喜爱。上面案例中,听了两位老师的交流,在座的细心老师发现:确实,九年义务教育阶段,教材难度面向的是绝大多数学生的思维水平,对于这批数学资优生来说,难度偏低,不足以激发他们去主动思考,不足以引发他们的兴趣,自然难以专注;学科学习门道和班级纪律间、学生学习兴趣与学习动力间都有着密切的联系;当一个人的内在潜力被充分开发时,他们的投入度、创造力、成就感、幸福感都有可能被联动激发。成长在你一言我一语中悄然发生。这项活动陪伴了我校无数教师的成长、成熟,也将继续伴随更多教师走向优秀。原市教委副主任张民生在上海普教科研十周年时说道:"教育科研的生命力在哪里?在广大教育工作者的教育实践中。"教育研究,不限于做课题、做项目、写文章,它发生在教育教学的整个过程中,这一活动就充满了研究性。

再如,资优生基础好、起点高,需求与普通学生有差异,我们意识到:有差异的需求需要有差异的教育举措。为不同学生提供适合的教育行动和引导是对人才资源的尊重,也是真正教育公平的体现。为此,学校根据不同年级数学资优生的特点,研发了分年级的数学资优生教材。教材编制人员以本校优秀理科教师团队,尤以数学教师团队为主,同时联动区教研室、市教研室、高校等校外专家力量,对教材的设计理念、基本结构、主要内容及难度梯度进行了数次讨论、修订、完善,到最终定稿,后由华东师范大学出版社正式出版。资优生教材的设计与研发,往近处看,有助于提高这些资优生的数学成绩,但长远来看,是对国家所需要的潜在拔尖人才的保护尊重和科学培育。

社会对人才培养规格的新要求、课程的融合、学生的需求,都需要教师的教育科研从经验走向科学。为此,我校从 2018 年开始了脑科学与教师教学结合的实践研究。鼓励教师积极参与神经科学与教学相结合的相关教育培训,研学一体,将教育神经科学的优秀成果转化运用于课堂。《关注脑:教育神经科学在课堂中的运用》《基于脑与认知科学的数学特色学校的创建》《以思维算法驱动学校科研探究创新素养提升》等一系列脑与认知科学项目先后启动。我校龙头课题《基于学生核心素养提升的个性化教学设计与实施研究》,围绕核心素养、个性化教学设计两个关键要素展开研究。研究过程充分遵循证据,从问题提出到行动推进和效果考察,再到反思评价和操作改进,每一个环节都依托大量的文献资源、理论依据和量化的测试数据,都基于一线教师的教学经验和教学案例等实证素材。循证实践,让教师的研究不是拍脑袋的决策,不是孤例式的臆断,使得研究的信度和效度大大提升。


## 从经验走向科学——转变研究范式

2019 年 5 月,在"大城市教科院联盟全国二次学术年会暨脑科学与教育国际论坛"会议上,我校青年语文教师作为一线教师代表受邀以"理解词语在语言环境中的恰当含义的教学——注意与重组"为题,做了学术报告,向大家分享了她在背诵教学中运用脑科学的研究成果:虽然部分学生对语文背诵提不起兴趣,但是这些学生对于流行歌曲和流行语言的兴趣非常高,记忆迅速。于是教师通过比较两种不同形式的记忆,发现学生在背诵与学习无关的内容时,情绪状态是放松的,而且运用说唱等形式,强化了神经突触,使得神经元形成新的分支并变得粗壮。其中兴趣占了非常大的比重。根据神经元突触生长与消除原理，当学习者复习的时候，相关的神经突触正在发生，复习的遍数越多，突触就越多、越扎实、越粗壮。而当有负面、消极的情绪，不主动、不乐意的时候，这种突触就会逐渐消除。可以说，是突触的变化重塑了大脑。在这一理论指导下，教师引导学生将需要背诵的文言文等素材放入合适的乐曲中，通过一定节奏的引导、反复地说唱，最终可以比较轻松地记住背诵的内容。

将科研的意识、科研的思维方式用到日常教育、教学过程的每个角落，去主动发现问题、分析问题、解决问题，并做好记录，写成文章、生成课题，有些老师已形成习惯，有些老师还在路上。

做课题、做项目是督促更多老师投入边研究、边实践状态的有效途径。这些年，学校几乎每年都会申报区级、市级各类课题，作为学校龙头课题，吸引尽可能多的老师参与进来，大家在共议共研中共进，形成了良好的研究氛围，取得了一些成果，成就了一批批老师。

### (4) 在持续学习中升级

优秀教师的成长是一个千锤百炼、自我不断修炼、境界日渐升华的过程。李希贵校长书中有一篇叫《优秀教师不是培训出来的》的文章，文中提到，他请了一些在名师身边工作的领导同志或基层管理者寻找优秀教师之所以优秀的原因。汇总的结果让他们很意外，几乎没有人将培训放在自己成长最重要的理由里。尽管主观上，这可能是一项伴随着教师职业生涯如影随形的浩大工程，培训者和被培训者都为此付出了艰辛，但在优秀教师的账单上，这样的高投入却只有令人遗憾的产出。[①] 在我校职初教师身上有这样一个案例。

资优生群体对于周围同学往往缺少一些宽容，遇事也往往不会从别人的角度看问题，大家更多只顾自己的感受，时不时会引起一些小纷争。记得有一

---

① 李希贵.面向个体的教育[M].北京:教育科学出版社,2014.

次，在职初教师任教的班级里有一位同学跑来告状，说某位课代表工作不负责、总是收不齐作业，惹得班级同学一起挨批评，建议这位教师撤掉他。教师首先肯定了他对班级事务的关心，然后对他说："这样吧，从明天开始你代替他做三天课代表，你亲身感受下，三天后我们再做一次交流。"三天后，他很沮丧地跑来说："老师，这个工作确实不好做，有些同学忘带作业，有些同学别人不催他就不交，课代表每天还不能来得晚，否则早读开始根本就没有时间收作业，好不容易收齐了交过去，老师一抽查根本没齐，又把我批评了一顿，我才发现原来有些小组长明明没收齐却告诉我齐了，所以后面两天我还要点人数找出没交的人，三天下来精疲力尽。"教师笑着说："你干三天已经吃不消了，他已经坚持一年了，很高兴你能体会到别人工作的不易，现在你和课代表都体验过这份工作，相信也了解问题的所在。接下来，老师希望你能找课代表一起想想办法，想一个能够解决问题的办法。"当天这位教师把这件事情在班级里说了，因为他想告诉所有同学，在自己指责和计较别人的行为之前，要学会换位思考，要给出切实可行的解决方案，这才是对一个同学真正的帮助。

这个案例，班级管理经验足的班主任可能会感到，这种做法很普通，或者自己有更好的应对方法。可这一案例来自我校的一位职初班主任。我们引用它，不是因为所遇到的问题有多么经典、处理方式有多么巧妙，而是因为这个案例发生在这位老师听完学校组织的"教师大讲堂"后有所启发，进行了及时的知识物化，将所学运用到了班级管理实践中。我们称之为"有效学习"。与高智商群体交流，对于经验不足的职初教师是一种挑战，有时会绕进他们的"思维圈套"，久而久之，会影响到这个教师在同学间的信服力，进而影响到教育教学的有效性。此外，高智商群体自我中心现象更为凸显，教师说教很多时候未必是明智之举，创设机会让他们自己去体验、去发现，进而达到自我教育，虽费时费力，但教育的有效性、持久性会更强。培训不在量多，而在于内容是否适合培训对象，以及培训对象自身的学习态度和学习精神。这位教师能够自觉地将所学转化为看得见的教育行为，这点很难得，倘若这种理论与实践交融并进式的学习习惯保持下去，这位教师定会成为一位非常优秀的教师。

思想教育的过程是教育者和受教育者双边活动的过程。要使受教育者在教育过程中真正受到教育，教育者必须认真分析研究受教育者的特征、思想状况，然后，再选择适合的教育途径和方法。当下信息技术发达，这些资优生群体的特征、视野、积淀，教师都要去了解，思想教育要知其心，才能救其失。资优生教育是一门还在路上的学问，经验能够帮我们了解和预判学生的一些行为、一些想法，但仅凭经验是不够的，我们需要学习一些心理学、教育学、脑科学等学科以外的知识、技能，帮我们更远、更深地了解、预知和应对这批优秀学生的心理、学习、生活。

### (5) 在深度反思中成长

反思是架在经验和成长间的桥梁。有调查发现，"92%的教师认为教学反思能或较能促进教师专业的成长；89%的教师认为通过反思能或差不多能解决教学实践过程中遇到的现实问题"。[①] 华东师范大学叶澜教授曾说："一位教师写一辈子教案难以成为名师，但如果写三年反思则有可能成为名师。"[②]这都是在肯定反思对促进教师专业成长的重要性。任何一个人的行为都受制于自身的意识系统，要想改变这种行为必须从最根本的意识系统入手。而要改变教师的意识系统，首先教师必须意识到这种能力需要改善，而这种意识能力就是教师的"教育反思能力"。[③] 有人给教师反思能力下了定义，认为主要是指教师个体自身教育观念及行为的认知、监控、调节能力。[④] 通俗一些说，就是教师把自己作为研究的对象，研究、反省自己的教育实践、教育观念、教育行为及教育效果，通过回顾、诊断、自我监控等方式，或给予肯定、支持与强化，或给予否定、思索与修正，从而不断提高其效能。

德育过程具有社会性和可控性、实践性和集体性等特征，更有长期性和反

① 邵光华,顾泠沅.中学教师教学反思现状的调查分析与研究[J].教师教育研究,2010,22(2):66.
② 叶澜.重建课堂教学价值观[J].教育研究,2002(5):3-7.
③ 傅梅芳.教育反思能力——新时代教师应具备的能力[J].继续教育研究,2002(2):96-99.
④ 武海燕.培养教师反思能力的意义和策略[J].内蒙古师范大学学报(教育科学版),2001(6):69-71.

复性的特征,这就需要教师在"实践—反思—再实践"中不断去提升教育实效。反思是一种习惯,也是一种能力。我校每位教师在入职前、新学期开始、学期结束等时间节点都会撰写计划或总结,总结中单设"育人反思"板块,学校至少每学期搭建一次分享平台,请各位教师对照计划去总结和反思,可以是学科教学层面的,也可以是育德方面的,无须面面俱到,但不能平铺直叙,关键在于是否切实让自己更有收获。这项活动既督促教师养成良好的总结与反思习惯,长期积累后,也将有助于教师反思能力的提升。

### (6) 在优秀共振中走向卓越

优秀是可以感染的,优秀是可以相互成就的,优秀的教师培育优秀的学生,优秀的学生成就更加优秀的教师。除了日常的教学相长,学校更要搭建平台,使"人"的成长与"教人的人"的成长协同共振、共促共生,这种积极向上的氛围会让彼此的人生更加充实、幸福和有力量。

何谓优秀? 我们认为,能破解难题的、能追求创新的、善于思考研究的、能持续学习的、能自主反思的等,都是优秀的教师。优秀不是终点,也没有终点;优秀不需要面面俱到,能够在某一点上做到"往前一步"就可以了。

我们发现一个现象,任教资优生或者有比较多资优学生的教师,他们的学习热情、动力会更足,无论是学科专业层面,还是育人育德层面的学习。为什么? 因为他们停不下来。为什么停不下来? 因为他们处在一批高智商且不断进步的孩子所形成的动力场中。这批学生的存在足以调动教师内在的动力机制,这是比学校的激励机制更能激发教师内在自觉的能量源。我们还发现,当教师内在的成长系统被调动后,时间久了,他们就会养成一种习惯,思考的习惯、学习的习惯、研究的习惯;习惯久了,就会滋养出某种能力,学习的能力、沟通的能力、反思的能力、敢于迎接挑战的能力、创新的能力等;好习惯、高能力,又会引发来自内心深处的高级愉悦、彼此成就的满足和无以言表的幸福。梳理和提炼这些发现,迁移到全校教师共同的专业成长中,让更多教师受益,让更多学生受益,让成就与幸福的乐章在市北初的每位班级里蔚然成风,我们在路上。

# 第3章　兴趣：数学资优生天赋的根源

　　著名的钱学森之问"我们的教育为什么几十年来没有培养出拔尖人才？"引起了国人的热烈讨论。我们认为，当时我国科技界之所以没有培养出尖端人才，原因是多方面的，其中一个重要的原因就是所谓的"优秀生"并不是真正的对专业有发自内心的热爱，并不是真心对科学感兴趣，其努力学习的动机功利性因素太多，甚至就是为了进入名校。这就导致了他们达到目标后学习兴趣下降，后劲严重不足。后劲不足涉及学习的动机、兴趣等非智力因素。本章主要探讨数学资优生教育中兴趣的激发和保持等问题。

## 3.1 ｜ 兴趣

　　兴趣是人们爱好某种活动或力求认识某种事物的倾向，且和一定的情感联系着[①]。兴趣是在需要的基础上产生，在生活实践过程中形成和发展起来的。兴趣分为直接兴趣和间接兴趣两类。直接兴趣是对事物本身感到需要而引起的兴趣。间接兴趣只对事物或活动的未来结果感到重要，而对事物本身并没有兴趣。这两类兴趣是可以互相转化的。古人云："知之者不如好之者，好之者不如乐之者。"这里的"乐"指的就是乐趣，意思是以之为乐趣。事实上，兴趣是学习最大的内在动力，也是最好的老师。浓厚的兴趣是学习成功的重要因素。兴趣浓厚，才能乐在其中，才能全身心地投入，积极主动地学习，从而

---

① 章士藻.中学数学教育学[M].北京：高等教育出版社，2007.

取得更加优异的成绩。

### 3.1.1 数学兴趣

数学兴趣是一种特殊的兴趣。数学兴趣指向数学,是一种对数学知识和数学能力的渴求。数学兴趣是学生对数学对象和学习数学活动中的一种力求趋近或认识的倾向。裴昌根等依据海蒂(Hidi)和伦宁格(Renninger)的兴趣发展四阶段理论,构建了一个新的数学兴趣概念,他们认为:"数学学习兴趣是学生渴望学习数学的倾向,这种倾向反映在学生对数学学习的情感体验、价值认识、知识获取和自主投入四个方面。"[①]这个数学兴趣理解、继承了兴趣是一种倾向的心理学认识,又从兴趣发展的角度开拓了对数学兴趣的理解,有助于人们更好地理解数学兴趣。

历年的国际学生评价项目(PISA)调查发现,尽管我国参加的学生数学测试成绩名列前茅,但是我国学生的数学学习动机水平测试成绩普遍不高。简单地说,就是成绩不错,但学习积极性不高。原因在于中小学的过度竞争使得"排名""选拔""题海"等一系列手段严重地破坏了学生的学习动机,削弱了学生的数学兴趣。过度地在初等数学范围内训练刷题,有可能耗尽学生对更深层次数学问题的兴趣,甚至使学生越来越害怕学习。这一块令人忧虑。数学兴趣需要从小开始培养。事实上,拔尖人才的培养,若从大学开始就太晚了,拔尖人才对某个专业领域的兴趣,应该从他们的少年时代,从高中甚至初中时代就开始。因为,科学的热情是有阶段的,过了这个阶段有些热情就消失了。

数学兴趣有利于提高学生主动发现、提出、分析和解决数学问题的能力,有利于培养学生自主实践和创新能力。关于数学兴趣对数学的学习影响,已经有大量的实证研究发现,数学学习兴趣高的学生数学学业成绩较好,数学兴趣较低的学生数学学业成绩较差[②]。因此,提高学生的数学学习兴趣对于提高

---

① 裴昌根,宋美臻,刘乔卉,等.小学生数学学习兴趣发展的"现状""问题"及"对策"——基于重庆市的调查研究[J].数学教育学报,2017,26(3):62-67.

② 吴洪艳,刘晓琳.初中生数学学习兴趣问卷编制与现状调查[J].数学教育学报,2017,26(2):50-54.

学生的数学学业成绩有着重要的价值。尽管数学学习兴趣意义重大,但是大量实证研究发现我国中小学生的数学学习兴趣并不理想,并且随着年级的升高学生的数学学习兴趣有下降的趋势,更为严重的是,许多数学学业成绩优秀的学生其数学学习兴趣也不高,不少学生学习数学的目的甚至极为功利[①]。在数学史研究中,发现那些在数学领域作出巨大贡献的学者几乎都对数学持有强烈的兴趣,正是浓厚的数学兴趣引导他们深入数学研究,从而成为杰出的数学家。事实上,只有长期的兴趣才能发展为志趣,从而吸引学生走向科学研究的道路。可见,数学学习兴趣的培养对数学资优生的成长、成才极为重要。然而,由于各种考试尤其是高考、中考的影响,我国中小学数学教育往往忽视数学学习兴趣的激发,甚至轻视数学学习兴趣的培养。学生往往长期被禁锢在题海之中,反复训练解题技能,而忽视数学学习兴趣的培养。

### 3.1.2 数学兴趣的来源

在数学领域,许多伟大的人物很少因功利的目的而学习数学,他们几乎都是因为对数学产生了喜爱甚至痴迷。他们的学习目的不仅仅是解决问题和作出贡献,更是为了追求数学真理和美感的完美表现,以及寻求问题解决所带来的愉悦。这些杰出的人物不是简单地学习数学而是以研究的态度来面对数学,并进一步创造出了数学成果,他们不仅想知道数学的本质,还想了解数学成果的发现过程,更想探究数学的发展方向。正是这种研究的态度,这种求真、求美的精神使得数学在他们看来不仅不枯燥反而特别美、特别有趣。

数学的乐趣在于发现和研究有意义的数学问题。学习任何东西的最佳途径就是靠自己去发现[②]。当学生以研究的态度去面对学习时,他才最有可能感受到学习的乐趣,才能对数学本身产生直接的兴趣,也才能产生更大的动力去学习数学。研究表明,只有把学生从模仿者变为发现者,给他真正有意义的问

---

① 吴仁芳,王珍辉.初中数学资优生数学学习兴趣的现状调查与分析[J].教学研究,2017,40(2):108 - 116.
② 波利亚.怎样解题——数学思维的新方法[M].涂泓,冯承天,译.上海:上海科技教育出版社,2007.

题,他才能感受到数学的震撼,进而体会到数学学习的乐趣①。我们特别提倡发现学习法,美国教育家布鲁纳(Bruner)认为:"发现法不仅能给学生带来心灵上的愉悦而且还能促进能力的迁移。"发现法给学生带来的成功喜悦更能促进学习兴趣的增长,并长期保持。归纳法就是一种发现学习法,通过归纳提出有意义的问题或猜想,能够培养学生从特殊到一般的能力,有利于培养学生的洞察力和成就感。

历史上,德国著名的数学家高斯(Gauss)就是一个发现和研究问题的高手,他提出的问题不计其数,其中许多甚至引领了数学的发展。高斯充分肯定了归纳的作用,认为他的许多结论都是由归纳法而猜测出来的,证明只不过是补充手续而已。对发现和研究问题的乐趣,我们也有类似的体会。为了解决一篇文章中一个有趣的遗留问题,我们当时花了大量的时间来计算,通过反复观察和归纳,顺利地提出了一个猜想,经过检验,发现这个猜想对许多情况都成立,这使我们大为惊喜并坚信这个猜想是正确的! 接下来我们沉浸于证明猜想的过程中,此时我们似乎明白了数学学习的乐趣在于发现和研究有意义的数学问题。

数学的乐趣在于创造性地解决问题。无论做什么事,成功通常会给人带来极大的快乐,反过来,这种快乐又吸引着人们进一步深入自己的活动。数学学习也是这样,数学解题的成功能够给学生带来成功的喜悦,而成功的喜悦反过来又吸引学生进一步学习数学,特别是当解决一个困难的数学问题时,这种喜悦之情是难以言表的,这种成功所带来的信心甚至会改变人的一生! 历史上,当19岁的高斯面临是研究数学还是研究文学的苦恼时,突然在一夜之间用尺规成功地作出了正十七边形,当他的老师告诉他这是一个前所未有的成就,他解决了一个千古之谜时,高斯毫不犹豫地选择数学作为他终身的职业,甚至要求在他去世后墓碑上刻上正十七边形以示纪念! 从中可以看出数学学习是

---

① Su F E. Teaching Research: Encouraging Discoveries [J]. American Mathematical Monthly, 2010, 117(11):759-769.

有趣的,正是数学上创造性成功所带来的快乐,促使高斯选择数学而不是文学!

创造性地解决问题离不开灵感的闪现,而灵感则来源于平时巨大的努力和付出! 在教学的过程中,我们发现许多学生能够体会到这种乐趣。例如,面对一道困难的问题,老师讲了一个复杂且不易想到的解法,许多学生听得似懂非懂,但极个别的学生却坚持自己去探索、研究,经过长时间的努力终于得到了一个与老师的方法完全不同但却好得多的解答,当这个学生拿着解答向我们述说时,我们看到了他眼中快乐的目光,听到了他口中有些激动的喜悦,正是这种创造性的乐趣给了学生极大的满足,正是这种创造性的乐趣吸引着学生毫不畏惧地投入到数学学习之中,并且我们坚信只有这样的学生才最有可能体会到数学学习的乐趣,也只有这样的学生才最有可能在数学上走得更远,作出更大的贡献!

## 3.2 | 数学兴趣的激发

常规的数学问题对优秀生特别是数学资优生来说相当容易,如果整日在高考题、中考题中打转,那么将不利于激发学生的数学兴趣,更不利于学生数学能力的提高。事实上,为了准备考试而停止学习新的东西,单纯地反复训练中考题、高考题有可能严重阻碍学生数学学习兴趣的发展,消磨学生的数学热情。对于这个教育现象,著名数学教育家张奠宙教授将其称之为"高中空转"①。数学学习兴趣的激发和保持对学生进一步的发展极为重要,这事关学生的终身发展。美国著名数学科普作家加德纳认为,唤醒学生的最好的办法是向他们提供有吸引力的数学游戏、智力题、魔术、笑话、打油诗或那些呆板的老师认为无意义的其他东西。数学兴趣的激发有赖于教师给学生精选一批好的数学问题。那么什么是好的数学问题呢? 著名数学家波利亚(Polya)认为:

---

① 张奠宙. 中国数学教育的软肋——高中空转——冯祖鸣老师等访谈录[J]. 数学教学,2007(11):封二- 1.

好的问题就好比一扇窗户,通过这个窗户可以为学生打开一个通往某个数学领域的入口。实际上,在数学领域有很多这样的问题,例如:勾股定理、$\sqrt{2}$是无理数、柯尼斯堡七桥问题等。这些问题起点低,易于为学生所接受,并且进一步的深入研究可以为学生打开一个广阔的数学天空,特别有利于资优生数学兴趣的激发,有利于数学热情和好奇心的长久保持。

### 3.2.1 数学之奇

数学的世界里有许多神奇的问题以及奇妙的解答。这些神奇的问题以及奇妙的解答极为有利于激发资优生的好奇心和求知欲,进而激发他们的数学兴趣。教育过程中要特别重视学生的好奇心,教师要呵护学生对科学的好奇心,并鼓励对科学的探索。物理学家李政道说:"好奇心是很重要的,有了好奇心,才敢提出问题。"数学兴趣的激发需要教师帮助学生学会欣赏数学,而奇妙的数学问题及其解答正是激发数学兴趣的催化剂。

**例3-1** 如图3-1所示,对任意△ABC,分别以 AB、AC 为斜边向外做等腰直角△ADB 与△AEC,取 BC 中点 M,连接 DM、EM、DE。

求证:△DEM 为等腰直角三角形。

**分析** 这是一道有趣的平面几何问题。无论

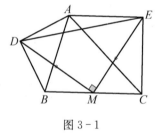

图 3-1

△ABC 是什么样的三角形,分别以 AB、AC 为斜边向外做等腰直角△ADB 与△AEC,取 BC 中点 M,连接点 D、E、M 三点后,△DEM 始终都是等腰直角三角形。这是一个非常奇妙的现象。鉴于问题中出现了等腰直角三角形,不妨取斜边的中点,并据此探究问题的证明。

**证明** 如图3-2所示,分别取 AB、AC 的中点 G、H,连接 DG、MG、EH、MH,则 MG、MH 均为△ABC 的中位线,于是 MG // AH,MG = AH,MH // AG,MH = AG,∠BGM = ∠BAC = ∠MHC。所以 ∠MGD = ∠BGM +

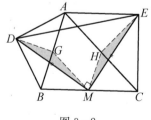

图 3-2

$90° = \angle MHC + 90° = \angle EHM$。 即 $\angle MGD = \angle EHM$。

又因为 $\triangle ACE$、$\triangle ABD$ 均为等腰直角三角形,所以

$$DG = AG,\quad EH = AH。$$

于是 $MG = EH$,$DG = MH$,从而 $\triangle DGM \cong \triangle MHE$。

于是 $MD = ME$,$\angle EMH = \angle DMG$。 又因为

$$\angle EMD = \angle EMH + \angle HMG + \angle GMD$$
$$= \angle DMG + \angle MGB + \angle GMD$$
$$= 180° - 90° = 90°,$$

故 $\triangle DEM$ 为等腰直角三角形。

**例 3 - 2** 设 $x \in \mathbf{R}$,且满足 $x^2 - 3x + 1 = 0$,$n$ 为任意的正整数,试确定 $x^{2^n} + x^{-2^n}$ 的个位数字。

**分析** 本题要求我们针对任意的正整数 $n$,求出 $x^{2^n} + x^{-2^n}$ 的个位数字。这个代数式由两个幂的和构成,我们对这个代数式的特点了解不多,一时无法确定它的个位数字究竟是什么。鉴于此,不妨从简单的计算开始,探索这个代数式的特点,寻找它的个位数字的规律。

**解答** 根据 $x^2 - 3x + 1 = 0$,可知 $x \neq 0$,于是方程两端同时除以 $x$ 可得

$$x + x^{-1} = 3。$$

下面对 $n$ 赋值,通过计算 $x^{2^n} + x^{-2^n}$ 的值来寻找规律。

$n = 1$,$x^2 + x^{-2} = (x + x^{-1})^2 - 2 = 3^2 - 2 = 7$;

$n = 2$,$x^{2^2} + x^{-2^2} = x^4 + x^{-4} = (x^2 + x^{-2})^2 - 2 = 7^2 - 2 = 47$;

$n = 3$,$x^{2^3} + x^{-2^3} = x^8 + x^{-8} = (x^4 + x^{-4})^2 - 2 = 47^2 - 2 = 2207$;

$n = 4$,$x^{2^4} + x^{-2^4} = x^{16} + x^{-16} = (x^8 + x^{-8})^2 - 2 = 2207^2 - 2 = 4\,870\,847$。

观察可以发现,当 $n = 1$,$2$,$3$,$4$ 时,$x^{2^n} + x^{-2^n}$ 的个位数字都是 7。这是一个重要的发现。据此,我们可以大胆猜测。

猜想:对任意的正整数 $n$,$x^{2^n} + x^{-2^n}$ 的个位数字都是 7。

下面给出严格的证明。

$n=1$ 时,结论是显然的。

假设 $n=k$ 时,结论成立。即 $x^{2^k}+x^{-2^k}$ 的个位数字是 7。

$n=k+1$ 时,$x^{2^{k+1}}+x^{-2^{k+1}}=(x^{2^k}+x^{-2^k})^2-2$。

由于 $x^{2^k}+x^{-2^k}$ 的个位数字是 7,所以 $(x^{2^k}+x^{-2^k})^2$ 的个位数字是 9,故 $(x^{2^k}+x^{-2^k})^2-2$ 的个位数字是 7。即 $x^{2^{k+1}}+x^{-2^{k+1}}$ 的个位数字是 7。

这表明 $n=k+1$ 时,结论也成立。

故,由数学归纳法可知,对任意的正整数 $n$,$x^{2^n}+x^{-2^n}$ 的个位数字都是 7。

**评论**　数学有一个非常神奇的地方就是数学对象或数学过程在变化中蕴含着某些保持不变的量,这些量就称之为"不变量"。不变量在一定程度上揭示了某个数学对象或数学过程的本质。问题解决过程中,寻找和发现这些不变的量有着重要的意义和价值,这是体现数学之奇的一个重要方面。

### 3.2.2　数学之美

美好的事物总是吸引人的,甚至令人向往。数学也是这样。法国数学家拉普拉斯(Laplace)断言:"哪里有数,哪里就有美。"数学之美是一种冰冷的美丽。或许在常人看来数学是枯燥无味的,但在热爱数学的人看来数学不仅不枯燥,反而特别有趣。数学教师的工作就是把冰冷的美丽转化为火热的思考,从而帮助学生理解数学、掌握数学。数学美是数学发现的重要方法。法国数学家庞加莱(Poincaré)说:"没有一个高度发展的美的直觉,就不可能成为伟大的数学发明家。"英国数学家哈代(Hardy)认为:"美是首要的标准,丑陋的数学不可能永存。"事实的确如此。如果我们在解题的过程中求得了一个奇怪的结果,那么就要思考是否出现了计算错误甚至思路错误。数学主要由问题和解构成,数学之美也在数学问题和它的解答之中。数学之美主要体现在数学问题及其解答的简洁美、和谐美、对称美等方面。

### (1) 简洁美

简洁美又称为简单美,是数学美的重要标志。数学的简洁美主要表现在数学符号、数学形式、数学方法等方面。数学简洁之美在数学公式、数学定理方面也有特别的体现。例如,勾股定理、欧拉公式、微积分基本定理等充分展示了数学的简洁之美。法国数学家庞加莱更是认为:"简单就是美。"数学简洁之美可以是简洁的问题,也可以是简洁的解答,还可以是问题和解答都呈现出简洁之美。一个美的解答指的是一道困难、复杂问题的简单解答。数学问题解决特别提倡寻求简洁优美的解答,这是鼓励数学资优生发散思维,激发数学兴趣的有效方法。

**例3-3** 设实数 $x$、$y$、$z$ 都不等于1,且满足 $xyz=1$,求证:

$$\frac{x^2}{(x-1)^2}+\frac{y^2}{(y-1)^2}+\frac{z^2}{(z-1)^2} \geqslant 1。$$

**分析** 这是一道非常漂亮的不等式证明题。无论是条件还是结论都很简洁,非常吸引人,这种美好的感觉极为有利于促进数学资优生积极思考,从而希望解决这个优美的问题。问题中的条件非常简洁,而结论较为复杂。这促使我们产生了对结论中的式子进行换元的念头。不妨尝试一下。

**解答** 令 $\frac{x}{x-1}=a$,$\frac{y}{y-1}=b$,$\frac{z}{z-1}=c$,则 $x=\frac{a}{a-1}$,$y=\frac{b}{b-1}$,$z=\frac{c}{c-1}$。

因为 $xyz=1$,所以 $\frac{a}{a-1} \cdot \frac{b}{b-1} \cdot \frac{c}{c-1}=1$。去分母可得

$$abc=(a-1)(b-1)(c-1),$$

化简得

$$ab+bc+ca=a+b+c-1,$$

于是

$$\begin{aligned}
a^2+b^2+c^2 &= (a+b+c)^2-2(ab+bc+ca)\\
&= (a+b+c)^2-2(a+b+c-1)\\
&= (a+b+c-1)^2+1 \geqslant 1,
\end{aligned}$$

即

$$\frac{x^2}{(x-1)^2}+\frac{y^2}{(y-1)^2}+\frac{z^2}{(z-1)^2}\geqslant 1。$$

**例 3-4**  试比较 $39^{40}$ 与 $40^{39}$ 的大小。

**分析**  数的大小比较是中学阶段常见的问题。常用的方法主要是作差法与作商法。作差法得到的结果要与 0 比较,而作商法得到的结果则要与 1 比较。这个问题是比较两个幂的大小,我们可以尝试使用作商法比较大小。

**解答**

$$\frac{40^{39}}{39^{40}}=\left(\frac{40}{39}\right)^{39}\times\frac{1}{39}=\left(1+\frac{1}{39}\right)^{39}\times\frac{1}{39}$$

$$<\left(1+\frac{1}{2}\right)\left(1+\frac{1}{3}\right)\left(1+\frac{1}{4}\right)\cdots\left(1+\frac{1}{38}\right)\left(1+\frac{1}{39}\right)\left(1+\frac{1}{39}\right)\times\frac{1}{39}$$

$$=\frac{3}{2}\times\frac{4}{3}\times\frac{5}{4}\times\cdots\times\frac{39}{38}\times\frac{40}{39}\times\frac{40}{39}\times\frac{1}{39}$$

$$=\frac{40\times 40}{2\times 39\times 39}=\frac{1600}{3042}<1,$$

即

$$40^{39}<39^{40}。$$

**评论**  本题简洁优美,解题思路较多,适合数学资优生探索研究。除了放缩法之外,还可以使用数学归纳法,也可以使用二项式定理进行证明。这个问题中的数据还可以推广到一般的情况,我们将在第 5 章进行介绍。

**例 3-5**  已知 $k^2+k+1$ 为完全平方数,求整数 $k$ 的值。

**分析**  这是一道西安的初中数学竞赛题。题目条件十分简单,不容易直接找到解题思路。但观察式子"$k^2+k+1$"的特征,可以发现该式子与完全平方数 $k^2$ 和 $(k+1)^2$ 非常接近,因此有必要将其配成完全平方数。那么这就意味着我们需要讨论 $k^2$ 和 $(k+1)^2$ 与上述式子的关系,下面进行分类讨论。

**解答**  观察可以发现 $k=0$ 时,满足题意。下面根据 $k$ 与 0 的关系分类讨论。

（1）$k>0$ 时，因为 $k^2<k^2+k+1<k^2+2k+1=(k+1)^2$，所以此时 $k^2+k+1$ 不可能为完全平方数；

（2）$k<0$ 时，因为 $(k+1)^2=k^2+2k+1<k^2+k+1\leqslant k^2$，所以此时当且仅当 $k^2+k+1=k^2$ 时，式子"$k^2+k+1$"才有可能为完全平方数。此时有 $k+1=0$，即 $k=-1$。

综上可知，仅当 $k=0$ 或 $k=-1$ 时，$k^2+k+1$ 才能为完全平方数。

**评论** 数论是最纯粹的数学研究分支之一。许多数论问题都表述得非常简洁，但是解答却并不容易，非常考验人的数学思维，其中分类讨论就是解决数论问题的一个核心思想。数论问题能够有效地考查学生的数学思维能力。中学数学竞赛中数论是四大板块之一，国内外数学竞赛中经常出现美妙的数论问题。

**（2）和谐美**

和谐美又称为统一美。数学中部分与部分、部分与整体之间往往追求和谐统一。例如，加法与减法、乘法与除法、分割与补全、正数与负数、有理数与无理数、微分与积分等，都体现了数学的和谐统一之美。英国数学家哈代说："数学家的创造形式与画家或诗人的创造形式一样，必须美。概念也像色彩或语言一样，安排配置得和谐。"数学中的和谐统一无处不在，和谐统一也是数学追求的目标。数学中许多问题及其解答都很能体现出数学的和谐统一之美。

**例 3‑6** 化简下面的式子

$$\frac{(3^4+4)(7^4+4)(11^4+4)(15^4+4)}{(5^4+4)(9^4+4)(13^4+4)(17^4+4)}。$$

**分析** 这个式子初看甚为复杂，如果直接计算，那么结果将十分庞大。但是观察这个式子可以发现，分子与分母都是四个代数式的乘积，并且每一个代数式都是形如 $x^4+4$ 的形式，这提醒我们对这个式子变形可能是解决问题的关键。我们再仔细观察还可以发现分子与分母对应项中的 $x$ 都相差 2，并且分子与分母前后项中 $x$ 的差也都是 2。这促使我们想到了把式子 $x^4+4$ 进行配方。

**解答** 因为 $x^4+4=x^4+4x^2+4-4x^2=(x^2+2)^2-4x^2=(x^2+2-2x)(x^2+2+2x)=[(x-1)^2+1][(x+1)^2+1]$,

所以原式可以转化为

$$\frac{(2^2+1)(4^2+1)(6^2+1)(8^2+1)(10^2+1)(12^2+1)(14^2+1)(16^2+1)}{(4^2+1)(6^2+1)(8^2+1)(10^2+1)(12^2+1)(14^2+1)(16^2+1)(18^2+1)}$$

$$=\frac{2^2+1}{18^2+1}=\frac{1}{65}。$$

**例 3-7** 已知 $a\sqrt{1-b^2}+b\sqrt{1-a^2}=1$,求 $a^2+b^2$ 的值。

**分析** 观察可以发现,这个等式里面有根号,有平方,结论是求 $a$、$b$ 的平方和。这意味着我们可以从多个角度寻求问题解决的突破口,比如从代数的角度、几何的角度、三角的角度、向量的角度等,都可以尝试解决问题。数学资优生不仅要善于解决问题而且要善于从多个角度思考问题,努力寻找简洁优美的解法。资优生要逐步从模仿解题过渡到探索研究问题。这样的问题对数学资优生来说能够更好地发挥他们的聪明才智,有利于保持数学资优生长久的数学兴趣。

**解答** (代数的角度)因为 $a\sqrt{1-b^2}+b\sqrt{1-a^2}=1$,移项可得 $a\sqrt{1-b^2}=1-b\sqrt{1-a^2}$。

两端同时平方得

$$a^2(1-b^2)=1-2b\sqrt{1-a^2}+b^2(1-a^2),$$

上式右侧移到左侧并化简得

$$b^2-2b\sqrt{1-a^2}+1-a^2=0,$$

观察可以发现此式可以写成完全平方形式

$$(b-\sqrt{1-a^2})^2=0,$$

于是 $b=\sqrt{1-a^2}$，所以 $a^2+b^2=1$。

其他解法将在第 5 章中体现。

**例 3-8** 已知 $(m+\sqrt{m^2+1})(n+\sqrt{n^2+1})=1$，证明：$m+n=0$。

**分析** 观察这个等式可以发现，这个无理方程中含有两个未知数。我们不可能求出 $m$ 和 $n$ 的准确值，然后再求其和，只能通过代数变形直接求出它们的和。要证明 $m+n=0$，关键是如何去掉根号。通常的想法是平方，不过移项后再平方能够简化我们的运算，这是一个不错的解题思路。观察还可以发现方程中的两个因子 $m+\sqrt{m^2+1}$ 和 $n+\sqrt{n^2+1}$ 极为类似，并且与其共轭根式的积恰好为 1。这说明使用它们的共轭根式有可能是一个较好的解题思路。

**方法一** （平方法）因为 $(m+\sqrt{m^2+1})(n+\sqrt{n^2+1})=1$，所以

$$m+\sqrt{m^2+1}=\frac{1}{n+\sqrt{n^2+1}}=\sqrt{n^2+1}-n,$$

于是

$$m+n=\sqrt{n^2+1}-\sqrt{m^2+1},$$

两端同时平方并化简得

$$mn-1=\sqrt{n^2+1}\sqrt{m^2+1},$$

再次平方可得

$$m^2n^2-2mn+1=m^2n^2+m^2+n^2+1,$$

化简得 $m^2+2mn+n^2=0$，即 $(m+n)^2=0$，所以

$$m+n=0。$$

**方法二** （共轭根式法）易知 $m\neq\sqrt{m^2+1}$，$n\neq\sqrt{n^2+1}$。因为

$$(m+\sqrt{m^2+1})(n+\sqrt{n^2+1})=1, \qquad ①$$

①式两端同时乘 $m-\sqrt{m^2+1}$，得

$$n+\sqrt{n^2+1}=\sqrt{m^2+1}-m, \qquad ②$$

①式两端同时乘 $n-\sqrt{n^2+1}$，得

$$m+\sqrt{m^2+1}=\sqrt{n^2+1}-n。 \qquad ③$$

②+③化简即得

$$m+n=0。$$

### (3) 对称美

对称美又称为匀称美，是数学美的最显著特征之一。对称是自然界和人类社会许多事物的共有特性。例如，对称的图案、对称的绘画、对称的生物、对称的家具、对称的建筑等。对称的事物能够给人带来一种视觉上的享受，使人感到美妙无比。数学中的对称之美主要有：几何图形的对称之美，如圆、球、正方形等；数学公式的对称之美，如二项式定理等；数学法则的对称之美，如加法的交换律等。数学问题解决中的对称之美主要体现在数学问题及其解答中，对称的问题有利于引起学习者的注意，有利于激发数学资优生的数学研究热情。

**例3-9** 解方程 $(x+8)^{2019}+x^{2019}+2x+8=0$。

**分析** 观察这个方程可以发现 $x$ 的指数都是 2019，指数非常大。直接按照一般解方程的方法难以求解，这就需要我们对这个方程进行恰当的变形。再次仔细观察这个方程还可以发现，$2x+8=(x+8)+x$。换句话说，我们可以根据问题的对称性对"$2x+8$"进行分组，进而寻求解决问题的突破口。

**解答** 原方程可以变形为

$$(x+8)^{2019}+(x+8)+x^{2019}+x=0。$$

设 $f(x)=x^{2019}+x$，则 $f(x)$ 是一个奇函数，并且严格单调递增。

由上式可得 $f(x+8)+f(x)=0$，即 $f(x+8)=-f(x)=f(-x)$。

因为 $f(x)$ 严格单调递增，所以 $x+8=-x$，解得 $x=-4$。

故原方程仅有唯一的根 $-4$。

**例 3-10** 对于正数 $x$，规定 $f(x)=\dfrac{x}{1+x}$，求下面代数式的值。

$$f\left(\frac{1}{100}\right)+f\left(\frac{1}{99}\right)+\cdots+f\left(\frac{1}{2}\right)+f(1)+f(2)+\cdots+f(99)+f(100)。$$

**分析** 这个要求值的代数式看起来相当复杂，如果我们一项一项求值然后再求和，那计算量将非常庞大。因此，我们必须寻找其他的思路。仔细观察可以发现，这个代数式是对称的，首项为 $f\left(\dfrac{1}{100}\right)$，末项为 $f(100)$，其中 $\dfrac{1}{100}\times 100=1$，第二项为 $f\left(\dfrac{1}{99}\right)$，倒数第二项为 $f(99)$，并且 $\dfrac{1}{99}\times 99=1$，除了最中间的一项 $f(1)$ 外，其他项也有着同样的规律。这似乎意味着相对的两项有着尚未发现的规律，我们不妨尝试计算一下，看看能有什么发现。

**解答** 把首尾相对的两项相加，通过计算来寻找规律：

$$f\left(\frac{1}{100}\right)+f(100)=\frac{\frac{1}{100}}{1+\frac{1}{100}}+\frac{100}{1+100}=\frac{1+100}{101}=1，$$

$$f\left(\frac{1}{99}\right)+f(99)=\frac{\frac{1}{99}}{1+\frac{1}{99}}+\frac{99}{1+99}=\frac{1+99}{100}=1。$$

观察可以发现，首尾相对的两项相加和为 1，这样我们就通过计算发现了问题中隐藏的规律，即

$$f\left(\frac{1}{x}\right)+f(x)=1。$$

下面给出严格的证明：

$$f\left(\frac{1}{x}\right)+f(x)=\frac{\frac{1}{x}}{1+\frac{1}{x}}+\frac{x}{1+x}=\frac{1+x}{1+x}=1,$$

于是

$$f\left(\frac{1}{100}\right)+f\left(\frac{1}{99}\right)+\cdots+f\left(\frac{1}{2}\right)+f(1)+f(2)+\cdots+f(99)+f(100)$$

$$=1\times100-\frac{1}{2}=\frac{199}{2}。$$

**例 3-11** 已知正方形 $ABCD$ 的边长为 $a$，分别以点 $A$、$B$、$C$、$D$ 为圆心，$a$ 为半径画弧，如图 3-3 所示。求四条弧所围成的阴影部分的面积。

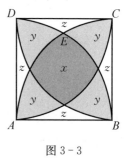

图 3-3

**分析** 观察可知，阴影部分是一个不规则的图形，它的面积并不容易直接看出来。但是，这个阴影部分是对称的，我们可以把阴影部分分割为几个部分，然后把阴影部分的面积表示出来，通过解方程进而求出阴影部分的面积。

**解答** 如图 3-3 所示，各部分的面积分别用 $x$，$y$，$z$ 表示。根据对称性可知，相同的字母表示相同的面积。于是，正方形 $ABCD$ 的面积为

$$x+4y+4z=a^2，\qquad\qquad①$$

扇形 $ABD$ 的面积为

$$x+3y+2z=\frac{\pi}{4}a^2。\qquad\qquad②$$

因为 $AB=AE=BE$，所以 $\triangle ABE$ 为等边三角形，故弓形 $\overset{\frown}{BE}$ 的面积等于扇形 $ABE$ 与 $\triangle ABE$ 面积的差。即

$$S_{\overset{\frown}{BE}} = \frac{\pi}{6}a^2 - \frac{\sqrt{3}}{4}a^2 。$$

于是双弓形 $ABE$ 的面积为

$$x + 2y + z = \frac{\pi}{6}a^2 + \frac{\pi}{6}a^2 - \frac{\sqrt{3}}{4}a^2 ,$$

即

$$x + 2y + z = \frac{\pi}{3}a^2 - \frac{\sqrt{3}}{4}a^2 。 \qquad ③$$

由①②③可得

$$z = a^2 - \frac{\pi}{6}a^2 - \frac{\sqrt{3}}{4}a^2 。$$

所以阴影部分的面积为

$$S_{阴} = a^2 - 4z = \left(\sqrt{3} - 3 + \frac{2\pi}{3}\right)a^2 。$$

### 3.2.3　数学之用

我国著名数学家华罗庚在《大哉数学之为用》一文中说"宇宙之大,粒子之微,火箭之速,化工之巧,地球之变,生物之谜,日用之繁"等方面,无处不有数学的重要贡献。数学早已在自然科学中获得了广泛应用,并取得了巨大的成功。数学应用已经渗透到人类社会的方方面面,甚至在日常的生活中也离不开数学。数学应用的一个重要方面就是解决人们遇到的问题。法国哲学家笛卡儿(Descartes)甚至设想把所有的问题转化为数学问题,然后用数学加以解决。问题解决是数学教育中的核心话题。问题解决不仅包括纯数学问题,而且还包括应用数学问题,数学建模就是中小学数学课程标准大力提倡的一种数学应用问题解决活动。

**例 3-12** 某校生物小组的同学到蝴蝶标本馆拍摄标本框,得到如图 3-4 所示的局部照片。图中心的"大蝴蝶"(它其实是一种蛾)因体型较大称作"霸王蝶",比较少见,图下方则是很常见的一种蝴蝶(被称为"歌星蝶")。同学们在野外考察中,捕获到了一些歌星蝶的活体,并对它称重,得到了成蝶的平均体重为 0.53 克,而霸王蝶因为稀少没有捕到,同学

图 3-4

们希望得到霸王蝶的体重,请你根据图片中的信息,估算出霸王蝶的体重。

**分析** 这是一个贴近中小学生日常生活的实际问题。题目只告诉了我们一个条件,也就是歌星蝶的体重,要求我们根据图片中的信息估算出霸王蝶的体重。这个问题的解决关键是建立这两种蝴蝶体重之间的联系,进而能够使用歌星蝶的体重数据估算出霸王蝶的体重。因此,构建一个蝴蝶体重的数学模型就成为问题解决的关键。我们不妨做一些必要的简化和假设,以便于建立数学模型。

**解答** 由于这两种生物都是蝴蝶,我们不妨假设它们的密度相同,于是它们的体重就与体积成正比。设歌星蝶的体重为 $m_1$,体积为 $V_1$,霸王蝶的体重为 $m_2$,体积为 $V_2$。于是,可以得到

$$\frac{m_1}{m_2} = \frac{V_1}{V_2}。$$

测量图 3-4 可以发现,歌星蝶翅展的最大距离 $l_1 = 1.5 \text{ cm}$,霸王蝶翅展的最大距离 $l_2 = 4.8 \text{ cm}$,由于无法根据一张图片测出蝴蝶身体的高度,我们不妨假设蝴蝶的体积与最大翅展的立方成正比。于是,可以得到

$$\frac{V_1}{V_2} = \left(\frac{l_1}{l_2}\right)^3,$$

所以

$$m_2 = m_1 \times \frac{V_2}{V_1} = m_1 \times \left(\frac{l_2}{l_1}\right)^3$$

$$= 0.53 \times \left( \frac{4.8}{1.5} \right)^3$$

$$\approx 17.37。$$

**评论** 解决这个问题,关键是建立蝴蝶体重与蝴蝶大小之间的数学模型,而模型的建立则依赖于所作的假设。做假设是数学建模问题与数学应用问题的重大区别,也是数学建模活动的核心标志。关于蝴蝶的大小,衡量标准很多,可以取蝴蝶的最大翅展,也可以取蝴蝶的最大直径,还可以取蝴蝶的最大面积,只要有合理的依据都是可行的。根据不同的假设,得到的答案或许会有一定的误差,但这并不影响数学建模活动本身。因为数学建模活动不仅要看结果,更要看数学建模的过程。

本题充分说明了数学的应用离学生的生活并不遥远,只要认真思考,就能够找到数学的应用场景。这类问题既有一定的趣味性,又有一定的挑战性,对数学资优生来说特别适合探索研究,有利于激发资优生的好奇心和求知欲。

**例 3-13** 菠萝削皮问题

四月刚好是吃菠萝的季节,为使我们能品尝到新鲜的菠萝,水果店都有专人帮助削菠萝皮,这是一个艺术性的刨削过程,削完后,菠萝上留下的是一条条螺线,如图 3-5 所示。

图 3-5

请你从数学角度来思考,人们为什么这样削菠萝? 并从数学角度论证你的观点。

**分析** 这是一个现实生活中的实际问题,或许有不少学生都曾亲身经历过。那么如何解释人们为什么这样削菠萝? 事实上,如果我们想从数学的角度来解释,就必须把这个问题转化为一个数学问题。根据生活经验,这样削皮主要的原因可能有:削皮效率高、浪费较少、看起来漂亮等。菠萝削皮的方法有多种,可以横着削,可以竖着削,也可以斜着削,甚至还可以逐点削。如果我们从浪费较少这一角度思考,就可以从最优化的角度把实际问题转化为数学问题。

**问题** 已知,如图 3-6 所示,四边形 $ABCD$ 是正方形,$AC$ 和 $BD$ 是正方形的对角线。求证:$AD < AC$,$AD < BD$。

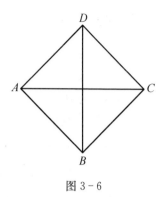

图 3-6

**评论** 本题仅涉及正方形的对角线和边长的大小比较,解答完全没有任何挑战性。然而,如何把原来的实际问题转化为数学问题却是一个不小的挑战。数学化的过程中,不仅需要抽象概括而且需要简化假设。这是数学建模最具有挑战性的地方。尽管逐点削皮浪费最少,但是逐点削皮最耗费时间。一般情况下,人们都更愿意选择倾斜削皮。这样削皮不仅浪费少而且效率高。

**例 3-14** 某商店有 3 千克和 5 千克两种包装的糖果,数量极为充足,求证:凡是购买 8 千克及以上整千克的糖果时,都可以不用拆包装。

**分析** 本题的实质是要求证明任何一个不小于 8 的自然数 $N$ 都可以用 3 和 5 的线性组合表示出来,即 $N = 3m + 5n$。鉴于此,不妨对不小于 8 的自然数进行分类,通过分类讨论的方法解决问题。

**解答** 设 $N$ 是一个自然数,且 $N \geq 8$。根据 $N$ 除以 3 的余数进行分类。

(1)当 $N = 3k$,$k \geq 3$ 时,只需证明存在非负的 $m$ 和 $n$ 使 $3k = 3m + 5n$。只要取 $m = k$,$n = 0$ 即可。

(2)当 $N = 3k + 1$,$k \geq 3$ 时,只需证明存在非负的 $m$ 和 $n$ 使 $3k + 1 = 3m + 5n$。因为 $1 = 10 - 9$,所以 $3k + 1 = 3k + 10 - 3 \times 3 = 3(k - 3) + 2 \times 5$。于是,取 $m = k - 3$,$n = 2$ 即可。

(3)当 $N = 3k + 2$,$k \geq 2$ 时,只需证明存在非负的 $m$ 和 $n$ 使 $3k + 2 = 3m + 5n$。因为 $2 = 5 - 3$,所以 $3k + 2 = 3k + 5 - 3 = 3(k - 1) + 5$。于是,取 $m = k - 1$,$n = 1$ 即可。

综上可知,对于任何一个不小于 8 的自然数 $N$ 都可以用 3 和 5 的线性组合表示出来。即凡是购买 8 千克及以上整千克的糖果时,都可以不用拆包装。

**评论** 这是一个日常生活中可以见到的实际问题,但是问题的解决却需要用到数学。这也说明了数学的广泛应用性,可以解决日常生活中的疑难问题。这是一个中小学日常数学课程中较为少见的话题。问题对数学优秀生是有吸引力的,有利于激发资优生探究的热情和兴趣。这个问题解决的方法是分类讨论,对培养数学资优生的逻辑思维能力也有较好的促进作用。

## 3.3 | 数学兴趣的保持

著名数学家和数学教育家波利亚指出:"数学的趣味性就在于它需要我们推理和创造能力的充分发挥,那些有趣的问题会引导学生主动地学习数学,感受数学的奇妙,进而热爱数学。"[①]因此,保持数学兴趣的一大法宝就是寻找有趣的题目。兴趣对于数学学习非常重要。数学教育过程中不仅要激发同学们的数学兴趣,而且要努力维持同学们长久的兴趣。数学兴趣的保持需要长期的新鲜感和成就感,最好的方法就是以研究的态度学习数学,这样才能更好地保持数学兴趣。

### 3.3.1 新鲜感与数学兴趣的保持

新鲜感指的是以前没有接触过,现在对此很好奇,时间一长也就没了的那种感觉。新鲜感是一种对人和物发自内心的体会,介于陌生感跟熟悉之间。数学学习中的新鲜感有助于引起同学们的好奇心和求知欲,是保持数学兴趣的良好方法。数学学习过程中,解题的训练要适度。如果练习太少,相关的技能就难以熟练掌握;如果练习过多,新鲜感就会大大降低,不仅受益有限甚至还会固化学生的思维。我们坚决反对过度的解题训练,特别是为了应试而反复练习同一种类型和解法的中高考数学题。这样的重复练习不仅难以提高学生的数学能力甚至还会磨灭同学们对数学的兴趣。常规的数学问题难以使学

---

① 波利亚.怎样解题——数学思维的新方法[M].涂泓,冯承天,译.上海:上海科技教育出版社,2007,43.

生保持新鲜感,从而保持数学兴趣,我们认为非常规的数学问题,比如数学竞赛题、数学建模问题以及数学探究问题等更适合数学资优生学习。这些问题能够给学生带来不一样的数学体验,能够保持学生对数学的新鲜感,特别有助于保持数学资优生对数学的兴趣。

### (1) 新颖的问题

新颖的问题是相对于陈旧的问题来说的。陈旧的问题大多已经为同学们所熟悉,熟悉后也就失去了新鲜感,做起来可能会索然无味,不利于保持资优生的数学兴趣。资优生的数学教育需要大量新颖的数学问题,特别是从未见过的数学问题。新颖的数学问题可以表现为从未见过的数学背景知识,也可以是陌生条件下已有数学知识新的应用。这样的问题既有一定的陌生性,也有一定的挑战性,特别有利于保持数学资优生的好奇心和求知欲。如果数学教师能够准备一些难易适度的新颖的数学问题,那么教学中就能够充分地引起和保持资优生的数学兴趣。

**例 3 - 15** 如图 3 - 7,多边形 $SP_1P_2P_3EP_4P_5$ 是一个正七边形,一只青蛙从顶点 $S$ 开始跳跃,当青蛙在不是点 $E$ 的任意一个顶点上时,它每步可跳至相邻两个顶点中的任何一个。当青蛙跳至点 $E$ 后,它便停留在点 $E$,不再继续跳跃。问:有多少种不同的跳跃方法,使得青蛙能够不超过 12 步跳跃而停留在点 $E$?

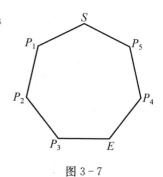

图 3-7

**分析** 本题是一个类似游戏一样的趣味数学问题,读起来令人趣味盎然。虽然题目比较好理解,即使小学生也能够读懂题意,但是要解决却不那么容易,它需要深入的思考和较强的数学探究能力。本题的解题思路是递推法,需要构建一个青蛙停留在点 $E$ 的递推关系,进而探讨青蛙在不超过 12 步跳跃的情况下,而停留在点 $E$ 的跳跃方法种数。

**解答** 设点集 $A = \{S, P_1\}$,$B = \{P_2, P_5\}$,$C = \{P_3, P_4\}$,再设 $a_n$、$b_n$、$c_n$ 分别表示经过 $n$ 步跳跃后青蛙停止在点集 $A$、$B$、$C$ 的跳跃方法数。

根据题意可知,当 $n \geqslant 0$ 时,

$$a_{n+1} = a_n + b_n, \qquad\qquad ①$$

$$b_{n+1} = a_n + c_n, \qquad\qquad ②$$

$$c_{n+1} = b_n。 \qquad\qquad ③$$

由①和③可得

$$a_{n+1} = a_n + c_{n+1}。 \qquad\qquad ④$$

由②和③可得 $c_{n+2} = a_n + c_n$,即

$$a_n = c_{n+2} - c_n。 \qquad\qquad ⑤$$

把⑤带入④化简可得

$$c_{n+3} = c_{n+2} + 2c_{n+1} - c_n。$$

易知 $c_0 = 0$, $c_1 = 0$, $c_2 = 1$,于是根据上述递推关系可以得到:$c_3 = 1$, $c_4 = 3$, $c_5 = 4$, $c_6 = 9$, $c_7 = 14$, $c_8 = 28$, $c_9 = 47$, $c_{10} = 89$, $c_{11} = 155$。

从而青蛙在不超过 12 步跳跃的情况下,而停留在点 $E$ 的不同跳跃方法数为

$$c_0 + c_1 + c_2 + \cdots + c_{11} = 351。$$

**评论** 这是一道组合数学问题,有一定的难度。组合数学主要研究离散对象满足一定条件的组态的存在性、计数、构造以及优化等方面的问题。组合数学在我国的中小学数学课程标准中占比较低,但组合数学是数学竞赛的热门话题,值得数学资优生去特别学习。尽管组合数学用到的知识或许不多,但是解题的方法却极为灵活,特别有利于激发资优生的数学兴趣。

**例 3-16** 对于正整数 $k$,定义 $g(k)$ 表示 $k$ 的最大奇因数。比如,$g(6) = 3$,问:$g(1) + g(2) + \cdots + g(2019)$ 除以 100 的余数是多少?

**分析** 这个问题的解决需要充分理解相关的概念,需要探究 $g(k)$ 的性

质。不妨先计算几个 $g(k)$ 的具体数值，寻找其中的规律。然后再探索问题的解法。

**解答** 通过计算可以发现，当 $k$ 为奇数时，$g(k) = k$；当 $k$ 为偶数时，$g(k) = g\left(\dfrac{k}{2}\right)$。于是

$$g(1) + g(2) + \cdots + g(2019)$$
$$= [g(1) + g(3) + \cdots + g(2019)] + [g(2) + g(4) + \cdots + g(2018)]$$
$$= (1 + 3 + \cdots + 2019) + [g(1) + g(2) + \cdots + g(1009)]$$
$$= 1010^2 + [g(1) + g(3) + \cdots + g(1009)] + [g(2) + g(4) + \cdots + g(1008)]$$
$$= 1010^2 + 505^2 + [g(1) + g(2) + \cdots + g(504)]$$

·····································

$$= 1010^2 + 505^2 + 252^2 + 126^2 + 63^2 + 32^2 + 16^2 + 8^2 + 4^2 + 2^2 + 1^2$$
$$\equiv 0 + 25 + 4 + 76 + 69 + 24 + 56 + 64 + 16 + 4 + 1 \pmod{100}$$
$$\equiv 39 \pmod{100}。$$

**评论** 这是一道与数论相关的非常规问题，是一道数学创新题。本题首先定义了一个概念 $g(k)$，然后举例说明如何求出 $g(k)$ 的值，最后要求应用给出的概念，使用概念解决问题。这样的题目一般都是前所未见的、陌生的，有助于真正检验出学生的数学能力，特别是数学创新能力。因此，这个问题探究的味道较为浓厚，有利于引起数学资优生的好奇心和求知欲，解题的过程需要同学们充分发挥自己的数学创造才能，有利于激发数学资优生的数学学习兴趣。

**例 3-17** 如图 3-8 所示，已知点 $O$ 是 $\triangle ABC$ 的外心。直线 $CO$ 与 $BC$ 边上的高相交于点 $K$。$P$、$M$ 分别是 $AK$、$AC$ 的中点。设 $PO$、$BC$ 相交于点 $Y$，$\triangle BCM$ 的外接圆与 $AB$ 相交于点 $X(\neq B)$，证明：$B$、$X$、$O$、$Y$ 四点共圆。

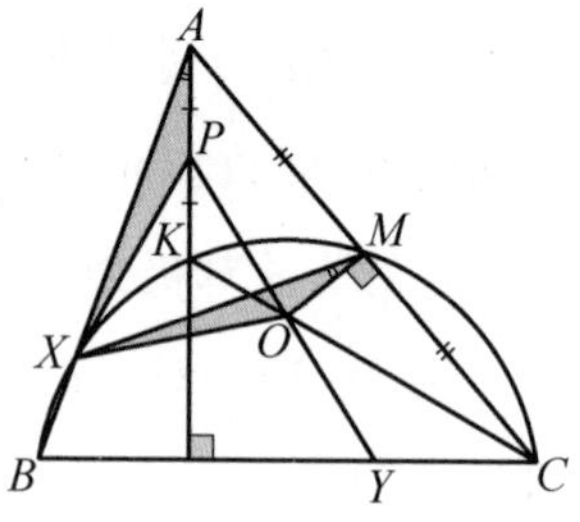

图 3-8

**分析** 证明四点共圆的方法多种多样。最常见的方法就是使用四边形的对角互补进行证明。本题中涉及较多的角。鉴于此,我们不妨从角的角度思考,探索四点共圆的证明方法。

**证明** 如图 3-8 所示,只需证明 $\angle XOP = \angle ABC$ 即可。

由于 $\angle ABC = \angle XMA$,所以

$$\angle XMO = 90° - \angle XMA = 90° - \angle ABC = \angle XAK。$$

下证 $\dfrac{AX}{XM} = \dfrac{AP}{OM}$。

由于 $B$、$X$、$M$、$C$ 四点共圆,故 $\triangle AXM \backsim \triangle ACB$,因此 $\dfrac{AX}{XM} = \dfrac{AC}{BC}$。

因为点 $O$ 是 $\triangle ABC$ 的外心,所以

$$\angle OCA = \frac{180° - \angle AOC}{2} = 90° - \frac{1}{2} \cdot 2\angle ABC = 90° - \angle ABC,$$

$$\angle AKC = 90° + \angle KCB = 90° + (90° - \angle BAC) = 180° - \angle BAC。$$

在 $\triangle AKC$、$\triangle ABC$ 中由正弦定理,在直角 $\triangle OMC$ 中由三角比的定义知

$$\frac{AC}{\sin\angle BAC} = \frac{AK}{\sin(90° - \angle ABC)}, \quad OC = \frac{OM}{\sin(90° - \angle ABC)}$$

两式相除可得 $\dfrac{AK}{OM} = \dfrac{AC}{OC \cdot \sin\angle BAC}$。又 $P$ 是 $AK$ 的中点,所以

$$\frac{AP}{OM} = \frac{AC}{2OC \cdot \sin\angle BAC} = \frac{AC}{BC}。$$

这样 $\triangle XPA \backsim \triangle XOM$,也得到了 $\triangle XOP \backsim \triangle XMA$。故

$$\angle XOP = \angle XMA = \angle ABC。$$

**评论** 四点共圆问题是平面几何中的经典问题。四点共圆问题涉及的知识点较多,使用的方法多种多样,这样的问题具有较高的挑战性,特别有利于激发数学资优生的数学兴趣,有利于保持数学资优生对数学的新鲜感。

### (2) 新颖的方法

数学题目浩如烟海,无论花费多少时间都做不完。然而,虽然数学问题千千万,但是数学问题的解决方法却是有限的,甚至很多数学问题都可以多题一解,也就是使用同样的方法解决表面完全不同的数学问题。因此,数学教育要特别注意数学思想方法。事实上,新颖的方法具有特殊的吸引力,即使旧问题的新解法也有着迷人的地方。因为从新的角度解决问题给人带来了不一样的思考视角,具有特殊的教育价值。数学资优生的教育特别鼓励学生充分发挥思维的灵活性,从多个角度思考问题,寻找问题的多种解法,尤其是简洁优美的解答。这样的经历不仅有助于提高他们数学学习的自信心而且有助于保持数学兴趣。

**例 3-18** 已知实数 $x$、$y$ 满足 $2x^2 + 3y^2 = 6y$,求 $x + y$ 的最大值。

**分析** 针对这个问题,一个比较好的方法是换元。令 $x + y = k$,换元之后,用 $y$ 和 $k$ 表示 $x$,然后代入到方程中消去 $x$,这样就得到了一个含有参数 $k$ 的关于 $y$ 的一元二次方程。进而建立一个关于 $k$ 的不等式,解这个不等式就求出了 $k$ 的取值范围,也即得到了 $x + y$ 的取值范围。

**解答** 令 $x + y = k$,则 $x = k - y$。代入原式可得

$$2(k - y)^2 + 3y^2 = 6y,$$

化简得

$$5y^2 - (4k + 6)y + 2k^2 = 0。$$

由于 $y$ 满足原方程,所以上述方程的判别式大于等于零,即

$$(4k + 6)^2 - 4 \times 5 \times 2k^2 \geqslant 0,$$

化简得

$$2k^2 - 4k - 3 \leqslant 0,$$

解这个不等式可得

$$1 - \frac{\sqrt{10}}{2} \leqslant k \leqslant 1 + \frac{\sqrt{10}}{2}.$$

所以，$x+y$ 的最大值为 $1 + \frac{\sqrt{10}}{2}$。

**评论** 这是一道典型的代数问题。求最值是中学数学教育中较为常见的问题。最值问题的解题思路比较灵活，方法也很多。题目中涉及的知识都是中学数学的内容。本题的方法非常典型，具有一般性。值得数学教师特别注意，我们认为类似的问题和方法有助于激发和保持资优生的数学兴趣。事实上，我们不仅可以求出 $x+y$ 的最大值，而且还可以求出 $x+y$ 的最小值。

**例 3-19** 设 $a$、$b$、$c$、$d$ 为非负整数，$S = a+b+c+d$，若 $a^2 + b^2 - cd^2 = 2022$，求 $S$ 的最小值。

**分析** 本题主要考查学生的分类讨论能力，难度中等，有利于吸引学生研究数学的兴趣。如果能够确定 $a$、$b$、$c$、$d$ 的取值范围，那么我们就可以求出 $S$ 的最小值。观察式子"$a^2 + b^2 - cd^2 = 2022$"，可以发现 $a$、$b$ 都是平方项，且符号为正，但 $cd^2$ 的符号是负的。鉴于 $a$、$b$、$c$、$d$ 均为非负整数，我们不妨先看看这四个字母是否都可以取 0，尤其是 $c$ 和 $d$ 是否可以取 0。

**解答** 如果 $c$、$d$ 至少有一个为 0，那么 $a^2 + b^2 = 2022$。因为 $3 \mid 2022$，所以 $3 \mid a^2 + b^2$。又因为 $x^2 \equiv 0$ 或 $1 \pmod 3$，所以 $3 \mid a$ 且 $3 \mid b$，于是 $9 \mid a^2 + b^2$，但是 $9 \nmid 2022$，矛盾！这表明 $c$、$d$ 都不能取 0。因为 $(a+b)^2 + a^2 + b^2 > 2022$，所以 $a+b > \sqrt{2022} > 44$，即 $a+b \geqslant 45$。于是我们可以据此进行分类讨论。

(1) 若 $a+b = 45$。

因为 $a^2 + b^2 \leqslant 1^2 + 44^2 < 2022$，所以 $a$、$b$ 只能一个取 0，一个取 45。此时 $cd^2 = 0^2 + 45^2 - 2022 = 3$，即 $c = 3$，$d = 1$，于是 $S = 0 + 45 + 1 + 3 = 49$。

(2) 若 $a+b = 46$。

易知 $a$、$b$ 奇偶性相同，所以 $cd^2$ 为偶数，即 $c$、$d$ 至少有一个偶数。由于 $c$、$d$ 均不为 0，于是 $c+d \geqslant 1+2 = 3$，此时，$S \geqslant 46+3 = 49$。

(3) 若 $a+b \geqslant 47$。

由于 $c$、$d$ 均不为 0，于是 $c+d \geqslant 1+1=2$，此时，$S \geqslant 47+2=49$。

综上可知，$S$ 的最小值为 49。

**评论** 分类讨论是非常重要的数学思想。数学问题解决过程中并非都是一帆风顺的，很多问题尤其是困难问题的解决都需要分类，然后由简单到复杂逐步解决。这样的问题通常具有较高的挑战性，对数学资优生有着较高的吸引力，有利于激发和保持数学资优生的数学兴趣。

**例 3-20** 已知 $a$、$b$、$c$、$d$ 都大于 0，求证：

$$\sqrt{a^2+b^2}+\sqrt{c^2+d^2} \geqslant \sqrt{(a+c)^2+(b+d)^2}。$$

**分析** 观察这个不等式可以发现，不等式的两端都有根号，直接平方将导致问题变得更为复杂。事实上，如果能从几何的角度思考这个问题，充分挖掘它的几何意义，使用数形结合的思想，就会发现一个非常美妙的解答。

**解答** 如图 3-9 所示。设四边形 $ACDF$ 是矩形，其中 $AC$ 的长度为 $a+c$，$AF$ 的长度为 $b+d$。$H$ 为矩形内部一点，且 $H$ 的坐标为 $(a, b)$。在 $AC$ 和 $AF$ 上分别取点 $B$ 和 $G$，使得 $AB=a$，$AG=b$，$BC=c$，$GF=d$。于是，$AH=\sqrt{a^2+b^2}$，$HD=\sqrt{c^2+d^2}$，

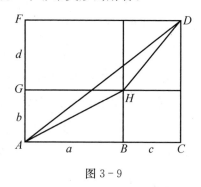

图 3-9

$$AD=\sqrt{(a+c)^2+(b+d)^2}。$$

(1) 点 $H$ 在直线 $AD$ 上，则 $AH+HD=AD$，即

$$\sqrt{a^2+b^2}+\sqrt{c^2+d^2}=\sqrt{(a+c)^2+(b+d)^2}。$$

(2) 点 $H$ 不在直线 $AD$ 上，则 $A$、$H$、$D$ 三点构成一个三角形，如图。于是 $AH+HD>AD$，即

$$\sqrt{a^2+b^2}+\sqrt{c^2+d^2}>\sqrt{(a+c)^2+(b+d)^2}。$$

综上可知,无论点 $H$ 位于矩形内部何处,均有

$$\sqrt{a^2+b^2}+\sqrt{c^2+d^2}\geqslant\sqrt{(a+c)^2+(b+d)^2}。$$

结论得证。

**评论** 本题是一个不等式证明问题,是一道代数题。如果直接使用代数的方法进行平方、去括号、化简,那么解答过程将会非常繁杂。仔细观察可以发现,这个不等式中的每一项都有着非常明显的几何意义。因为每个根号都可以看作是一条线段的长度。事实上,如果我们从几何的角度来思考,就会找到一个非常简洁的解答。这种将数和形融为一体地考虑问题的方法称为数形结合法。数形结合的实质是将抽象的数和直观的形结合起来,从而使数和形两种信息得到优势互补。数形结合法可以是从数的角度思考形,也可以是从形的角度思考数。数形结合有效地连接了代数和几何,在解析几何、圆锥曲线等领域有着广泛的应用。数学资优生有必要掌握数形结合法,这种方法有时会带来非常美妙的解答。

**例 3-21** 已知平面上有六个半径不小于 1 的圆,它们两两不相交。证明:如果某个圆与所有这六个圆均相交,则该圆的半径不小于 1。

**证明** 设题述中这六个圆的圆心分别是 $O_1$,$O_2$,$\cdots$,$O_6$,它们的半径分别是 $R_1$,$R_2$,$\cdots$,$R_6$。现在设 $\odot O$ 的半径为 $R$,并且与这六个圆均相交。显然存在下标 $i$、$j$,使得 $\angle O_iOO_j\leqslant 60°$。 由已知条件有

$$O_iO_j\geqslant R_i+R_j,\ OO_i<R_i+R,\ OO_j<R_j+R。$$

若 $R<1$,注意到 $R_i$,$R_j\geqslant 1$,故 $O_iO_j$ 是 $\triangle O_iOO_j$ 唯一的最长边。所以 $\angle O_iOO_j>60°$。这与假设矛盾! 故 $R\geqslant 1$。

**评论** 这个问题解决的方法是反证法。事实上,平常的数学考试中很少出现考查反证法的问题,这导致许多同学对反证法不太熟悉,甚至忽视了反证法的应用和价值。反证法的关键是推出矛盾。推出矛盾这一过程对学生的数

学逻辑思维能力有着较高的要求。用反证法解决的问题通常具有较高的挑战性，对数学资优生来说具有较好的吸引力，能够给数学资优生带来一定的新鲜感。

### 3.3.2　成就感与数学兴趣的保持

成就感指一个人做完一件事情或者做一件事情时，对自己所做的事情感到愉快或成功的感觉，即愿望与现实达到平衡产生的一种心理感受。一般的问题对数学资优生来说，缺乏挑战性，容易导致厌倦，失去学习兴趣。过于困难的问题则会打击他们的自信心，也不利于保持数学兴趣。难易适度的问题最能够激发学习的积极性，引发学习兴趣，并给他们带来成就感。对于真正有天赋、逻辑思维能力强的数学资优生来说，解答难题才有挑战性，而且成功答题之后有一种莫名的喜悦，还有一种自我满足的成就感。正是这种成就感直接促进了数学兴趣的产生。

数学学习必须遵守从易到难、循序渐进的原则。数学教师需要精心准备难易适度的数学问题。这是确保中小学生积小成就为大成就，积小成功为大成功，从而获得成就感的可行之路。成就感会激发学生持续进行相应的行为，从而期望再次获得成就感。这是促使学生积极主动学习的不竭动力。难易适度的问题具有较好的挑战性。挑战性的问题带来的成就感是无与伦比的。对中学生来说，解决有一定挑战性的数学问题能够带来较高的成就感，有利于数学兴趣的保持。

**例 3-22**　如图 3-10 所示，在锐角三角形 $ABC$ 中，$\angle BAC = 60°$。$BE$、$CF$ 分别是 $\triangle ABC$ 的两条高，其中 $E$、$F$ 为垂足。证明：

$$CE - BF = \frac{3}{2}(AC - AB)。$$

**证明**　由 $\angle BAC = 60°$，$BE$、$CF$ 是 $\triangle ABC$ 的高可知，$\angle ABE = \angle ACF = 30°$。因

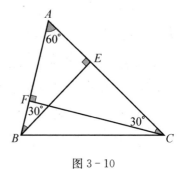

图 3-10

此 $AE = \dfrac{1}{2}AB$，$AF = \dfrac{1}{2}AC$。故

$$CE - BF = (AC - AE) - (AB - AF)$$
$$= (AC - AB) + (AF - AE)$$
$$= \dfrac{3}{2}(AC - AB)。$$

**例 3-23** 已知 $x \in \mathbf{R}$，求证：$x^{2006} - x^{2005} + x^{2004} - x^{2003} + 1 > 0$。

**分析** 这是一道不等式证明题。要求证明对任意的实数 $x$，均有上述不等式成立。思考可以发现，通常的方法并不容易完成证明，但是观察可以发现，$x = 0$ 时，不等式是成立的。这提醒我们，或许可以使用分类讨论的思想方法，把 $x$ 分成 $x < 0$，$x = 0$，$x > 0$ 三类，逐步讨论解决问题。

**解答** 令 $f(x) = x^{2006} - x^{2005} + x^{2004} - x^{2003} + 1$，$x = 0$ 时，$f(x) = 1$，原不等式显然成立。

(1) 当 $x < 0$ 时，$f(x)$ 中的每一项都大于零，故 $f(x) > 0$。

(2) 当 $x > 0$ 时，考虑 $x$ 与 1 的关系，再次分类。

若 $x > 1$，则 $x^{2006} > x^{2005}$，$x^{2004} > x^{2003}$，从而 $f(x) > 0$。

若 $0 < x < 1$，则 $-x^{2005} + x^{2004} = x^{2004}(1 - x) > 0$，$1 - x^{2003} > 0$，所以此时 $f(x) > 0$ 也成立。

综上可知，对任意的 $x \in \mathbf{R}$，均有 $x^{2006} - x^{2005} + x^{2004} - x^{2003} + 1 > 0$。

**例 3-24** 已知锐角 $\triangle ABC$ 内接于圆 $\omega$。$D$ 是边 $AC$ 的中点，$E$ 是过点 $A$ 的高在 $BC$ 边上的垂足，$F$ 是 $AB$、$DE$ 的交点。点 $H$ 在圆 $\omega$ 的弧 $BC$（不含点 $A$）上，满足 $\angle BHE = \angle ABC$。证明：$\angle BHF$ 为直角。

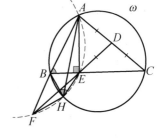

图 3-11

**证明** 如图 3-11 所示，注意到 $\angle CEA = 90°$，$D$ 是 $AC$ 中点，故 $DC = DE = DA$。于是

$$\angle EFA = \angle DEA - \angle FAE = (90° - \angle C) - (90° - \angle B) = \angle B - \angle C，$$

并且

$$\angle EHA = \angle BHE - \angle BHA = \angle B - \angle C = \angle EFA。$$

因此 $A$、$E$、$H$、$F$ 四点共圆，于是

$$\angle BHF = \angle AHF - \angle AHB = \angle AEF - \angle C = (90° + \angle C) - \angle C = 90°。$$

**例 3-25**  解方程 $x - 6 = (x^3 + 6)^3$。

**分析**  观察可以发现，方程的左侧很简单，但是右侧却是一个较为复杂的二项式。如果我们直接把括号去掉，将会得到一个十分复杂的九次方程，求这个九次方程的根势必不会容易。那么有没有简洁一些的方法呢？我们不妨把右侧的复杂式子做一下换元，看看会得到什么结果，寻找一下问题解决的思路。

**解答**  令 $t = x^3 + 6$，于是 $t - 6 = x^3$。又因为 $x - 6 = t^3$，比较可以发现，$x$ 和 $t$ 都是方程 $u - 6 = u^3$ 的根，故只需求下面方程的根。

$$u^3 - u + 6 = 0,$$

通过试根法可以发现，$-2$ 是它的一个根，于是 $u + 2$ 就是它的一个因子。

所以

$$\begin{aligned}
&u^3 - u + 6 \\
=&u^3 + 8 - u - 2 \\
=&(u + 2)(u^2 - 2u + 4) - (u + 2) \\
=&(u + 2)(u^2 - 2u + 3)。
\end{aligned}$$

因为 $u^2 - 2u + 3 = (u - 1)^2 + 2 > 0$，所以此方程只有唯一的实根 $u = -2$。

故原方程只有唯一的实数根 $x = -2$。

**例 3-26**  如图 3-12 所示，圆 $\omega_1$、$\omega_2$ 相交于 $A$、$B$ 两点。过点 $B$ 任作一直线与圆 $\omega_1$、$\omega_2$ 再次相交于点 $C$、$D$。在圆 $\omega_1$、$\omega_2$ 上

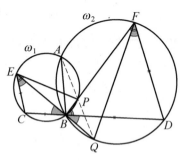

图 3-12

分别取点 $E$、$F(\neq B)$，使得 $CE=CB$，$BD=DF$。设 $BF$ 与圆 $\omega_1$ 相交于点 $P$，$BE$ 与圆 $\omega_2$ 相交于点 $Q(P, Q \neq B)$。证明：$A$、$P$、$Q$ 三点共线。

**证明** 不难知道 $\angle BFD = \angle DBF = 180° - \angle CBP = \angle CEP$，因此

$$\angle CEB + \angle BEP = \angle BFQ + \angle QFD。$$

又 $\angle CEB = \angle CBE = \angle QBD = \angle QFD$，所以 $\angle BEP = \angle BFQ$，于是

$$\angle BAP = \angle BEP = \angle BFQ = \angle BAQ，$$

即得 $A$、$P$、$Q$ 三点共线。

**例 3-27** 已知 $P_1$，$P_2$，$\cdots$，$P_{100}$ 是平面上的 100 个点，满足任意三点不共线。对其中的某三个点，如果将它们的下标递增排列时恰好是顺时针的，则称以这三个点为顶点的三角形是"顺时针"的。试问："顺时针"的三角形是否可能恰好有 2017 个？

**证明** 首先，假设 $P_1$，$P_2$，$\cdots$，$P_{100}$ 依次逆时针排列在某个圆周上。

在这种情况下，"顺时针"的三角形个数为零。现在沿着圆周移动这些点。某个点 $P_i$ 在移动过程中穿过直线 $P_j P_k$ 时，$\triangle P_i P_j P_k$ 的转向（顺时针或逆时针）会发生变化。如果我们规定在移动过程中仅仅允许一个点穿过某两个点的连线，则该操作不改变其余任何三角形的转向。

不断进行这样的操作，直到 $P_1$，$P_2$，$\cdots$，$P_{100}$ 顺时针排列在圆周上，此时"顺时针"三角形的个数是 $C_{100}^3 > 2017$。注意在每次操作之后"顺时针"三角形的个数加 1。因此必定存在某个时刻，"顺时针"三角形的个数恰好为 2017。

**评论** 数学问题的解决能够带来成就感。解决有一定挑战性的数学问题更是能够带来较高的成就感。本题是一个非常规的数学问题，没有固定的解题思路，需要较高的独立思考能力，这样的问题更能够激发数学资优生的数学兴趣，并在解决问题的过程中获得成就感，有利于数学兴趣的保持。

**例 3-28** 如图 3-13 所示，在正五边形 $ABCDE$ 中，过点 $C$ 作 $CD$ 的垂线与边 $AB$ 相交于点 $F$。证明：$AE + AF = BE$。

**证明** 设直线 $AE$、$FC$ 相交于点 $P$。由 $\angle ECD = 36°$，不难得到

$$\angle ECP = 54°, \quad \angle AEC = 72°。$$

进而 $\angle P = 54°$，因此 $CE = PE$。此外，还知道

$$\angle ECB = \angle EBC = 72°，$$

所以 $BE = CE = PE$。又因为 $\angle EAB = 108°$，所以

$$\angle AFP = \angle EAB - \angle P = 108° - 54° = 54° = \angle P，$$

故 $AF = AP$。这样就得到

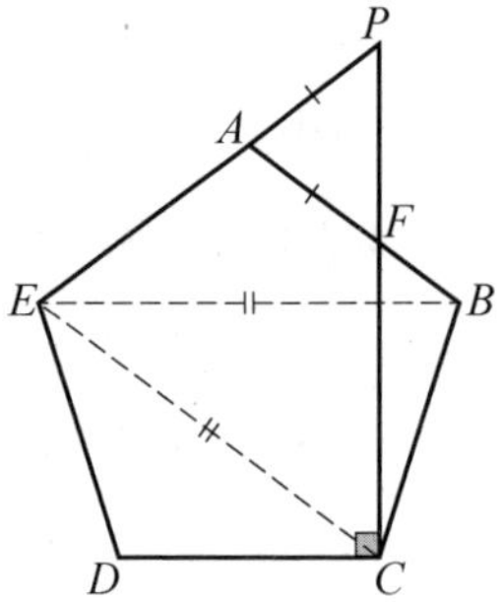

图 3-13

$$AE + AF = AE + AP = PE = CE = BE。$$

**例 3-29** 因式分解 $y^3 - 19y + 30$。

**分析** 观察这个式子，我们发现它是一个三次多项式，不可以直接使用公式进行因式分解。但我们可以令这个式子为零，使用试根法寻找这个多项式的因子。从 0 开始，对 $0，\pm 1，\pm 2，\pm 3，\cdots$ 依次进行验根。经过尝试可以发现，当 $y = 2$ 时，式子的值为零。这表明"$y-2$"就是这个多项式的一个因子，于是问题解决的思路就找到了，即对一次项拆项，并配出含有"$y-2$"的项。

**解答**

$$y^3 - 19y + 30$$
$$= y^3 - 4y - 15y + 30$$
$$= y(y^2 - 4) - 15(y - 2)$$
$$= (y - 2)(y^2 + 2y - 15)$$
$$= (y - 2)(y - 3)(y + 5)。$$

**评论** 试根法是因式分解中的经典方法之一，当无法直接找到因式分解的思路时，可以尝试使用试根法寻找相应的因子，进而解决问题。试根法不仅可以用来进行因式分解，而且还可以用来解方程。试根法在解方程的过程中，首先确定一个根，然后可以通过凑配因子对方程进行因式分解，最终求出方程所有的根。以下类似的问题都可以使用试根法，找到相应的因子并进行因式

分解。

**问题 1**　因式分解 $x^3 - 11x + 20$。

**问题 2**　因式分解 $x^3 + x + 30$。

**问题 3**　因式分解 $x^3 - 9x + 10$。

**问题 4**　因式分解 $x^3 + 4x^2 - 360$。

**例 3 - 30**　如图 3 - 14 所示,在锐角 $\triangle ABC$ 中,$AD$ 为 $BC$ 边上的高,点 $H$ 为 $\triangle ABC$ 的垂心。点 $M$ 为 $BC$ 的中点,作 $\square MHDP$。圆 $P$ 经过点 $B$、$C$,分别交直线 $AB$、$AC$ 于点 $X$、$Y$(不与点 $B$、$C$ 重合)。求证:$X$、$D$、$Y$ 三点共线。

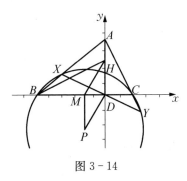

图 3 - 14

**分析**　三点共线问题是初中数学中较为困难的题目。这类题目的解答往往需要较高的技巧。然而,如果能够想到数形结合的方法,运用解析几何的知识就有可能找到一个较为简洁的思路,从而解决困难的问题。

**证明**　以 $D$ 为原点,$DC$ 为 $x$ 轴正方向,$DA$ 为 $y$ 轴正方向,建立平面直角坐标系。

设直线 $AB$：$bx + ay = 1$;直线 $AC$：$cx + ay = 1$;则

$$B\left(\frac{1}{b}, 0\right), C\left(\frac{1}{c}, 0\right), A\left(0, \frac{1}{a}\right)。$$

易证 $\triangle BDH \backsim \triangle ADC$,所以

$$DH \cdot DA = DB \cdot DC,$$

故有 $H\left(0, -\dfrac{a}{bc}\right)$,$P\left(\dfrac{1}{2b} + \dfrac{1}{2c}, \dfrac{a}{bc}\right)$,所以圆 $P$ 的方程为

$$\left(x - \left(\frac{1}{2b} + \frac{1}{2c}\right)\right)^2 + \left(y - \frac{a}{bc}\right)^2 = \left(\frac{1}{2b} + \frac{1}{2c}\right)^2 + \left(\frac{a}{bc}\right)^2,$$

化简得

$$bcx^2 + bcy^2 - (b+c)x - 2ay + 1 = 0,$$

而 $AB \times AC$（直线方程相乘）为 $(bx + ay - 1)(cx + ay - 1) = 0$，展开得

$$bcx^2 + a^2y^2 + a(b+c)x - 2ay + 1 = 0。$$

两式联立，相减，意义为同时在圆 $P$ 和直线 $AB$ 或 $AC$ 上的点满足的方程。相减得

$$(y-0)[(a^2 - bc)y + a(b+c)x] = 0。$$

点 $X$、$Y$ 都不在直线 $y=0$ 上，故点 $X$、$Y$ 在直线 $(a^2 - bc)y + a(b+c)x = 0$ 上。

这条直线经过原点 $D$，即 $X$、$D$、$Y$ 三点共线。证毕。

### 3.3.3　探究性学习与数学兴趣的保持

乐趣指使人感到快乐的意味。数学的乐趣在于发现和研究有意义的数学问题，在于创造性地解决数学问题。然而，无论是发现和研究有意义的数学问题，还是创造性地解决数学问题，都需要积极主动的探索研究。因此，探究性学习就成为激发和保持数学兴趣的重要手段。探究性学习又称研究性学习，是指学生以类似科学家研究的方式进行学习的一种模式。我国中小学数学课程标准特别倡导学生在学习数学知识、技能、方法、思想的过程中发现和提出自己的问题并加以研究。事实上，最富有成效的学习方法就是让学生自己去探索和发现。当学生以研究的态度来面对学习时，他才最有可能感受到学习的乐趣，才能对数学本身产生直接的兴趣，并产生持久的学习动力，进而取得常人难以企及的成就。

美国案例教学专家舒尔曼（Shulman）认为："教师所写的、其他教师可能会面临的现实世界问题的案例是对实践反思的一种强有力的工具，它们有助于教师从他人的现实故事中学会预测和解决问题。"这里提供几个数学探究性学习的案例。我们希望这些案例能够成为数学探究性学习的典范，一方面指导

中学生数学探究性学习的开展,解决数学探究教学的问题;另一方面引导数学资优生的数学兴趣逐渐从外在兴趣转化为直接兴趣,从而保护和维持数学资优生长久的数学兴趣。

**例3-31** 从一个一元二次方程 $E_0: x^2 + p_0 x + q_0 = 0$ 开始。如果 $E_k$ 有(可相等的)实根 $x_1 \leqslant x_2$,则取 $p_{k+1} = x_1$,$q_{k+1} = x_2$,并且 $E_{k+1}: x^2 + p_{k+1} x + q_{k+1} = 0$,直到某个 $E_{k+1}$ 没有实根。

**问题1** $p_0 = 1$,$q_0 = -6$ 时,这个方程序列可以一直写下去吗?

**问题2** 对什么样的 $(p_0, q_0)$,这个方程序列可以一直写下去?

**分析** 对于问题1,只需要按照题目中的法则检验一下就可以了。经尝试可以发现,此时不可以写下去。对于问题2,需要探索方程序列可以一直写下去的条件。这是一个蛮有趣的问题,非常值得数学资优生探索研究。

**解答** 不难发现 $(p_0, q_0) = (0, 0)$ 的时候,这个方程序列可以一直写下去。

1. 若两根均不为 0。

由韦达定理:$p_{k+1} + q_{k+1} = -p_k$,$p_{k+1} q_{k+1} = q_k$,得到 $E_k: x^2 + p_k x + q_k = 0$,即 $E_k: x^2 - (p_{k+1} + q_{k+1})x + p_{k+1} q_{k+1} = 0$。

因为 $p_k \leqslant q_k$,所以 $-(p_{k+1} + q_{k+1}) \leqslant p_{k+1} q_{k+1}$,得

$$(p_{k+1} + 1)(q_{k+1} + 1) \geqslant 1。$$

所以 $p_{k+1} \leqslant q_{k+1} < -1$ 或 $p_{k+1} > -1$,$q_{k+1} > 0$。

$1°$ $p_{k+1} \leqslant q_{k+1} < -1$。

考虑 $E_{k+2}: x^2 + p_{k+2} x + q_{k+2} = 0$,其中

$$p_{k+2} = \frac{-p_{k+1} - \sqrt{p_{k+1}^2 - 4q_{k+1}}}{2}, \quad q_{k+2} = \frac{-p_{k+1} + \sqrt{p_{k+1}^2 - 4q_{k+1}}}{2}。$$

而 $2\Delta = 2p_{k+2}^2 - 8q_{k+2} = p_{k+1}^2 + 4p_{k+1} - 2q_{k+1} + p_{k+1}\sqrt{p_{k+1}^2 - 4q_{k+1}} - 4\sqrt{p_{k+1}^2 - 4q_{k+1}}$

$= (p_{k+1}^2 + p_{k+1}\sqrt{p_{k+1}^2 - 4q_{k+1}}) + (2p_{k+1} - 2q_{k+1}) - 4\sqrt{p_{k+1}^2 - 4q_{k+1}} + 2p_{k+1}$

$\leqslant 2p_{k+1} < 0$。

所以方程 $E_{k+2}: x^2 + p_{k+2}x + q_{k+2} = 0$ 无实数解，矛盾。

$2° \quad p_{k+1} > -1, \ q_{k+1} > 0$。

(1) $-1 < p_{k+1} < 0, \ q_{k+1} > 0$，此时

$$p_k = -(p_{k+1} + q_{k+1}), \ q_k = p_{k+1}q_{k+1} < 0。$$

因为 $q_k < 0$，所以 $p_k \leqslant q_k < -1$，回到 $1°$，矛盾！

(2) $0 < p_{k+1} < q_{k+1}$，此时

$$p_k = -(p_{k+1} + q_{k+1}) < 0, \ q_k = p_{k+1}q_{k+1} > 0。$$

所以 $-1 < p_k < 0, \ q_k > 0$，回到 $2°(1)$，矛盾！

2. 若仅一根为 $0$。

此时方程 $E_k: x^2 + mx = 0 (m \neq 0)$，得 $(x_1, x_2) = (0, -m)$。

(1) $m > 0$，则 $p_{k+1} = -m, \ q_{k+1} = 0$。

$E_{k+1}: x^2 - mx = 0$，得 $p_{k+2} = 0, \ q_{k+2} = m$。

$E_{k+1}: x^2 + mx = 0$ 无解。

(2) $m < 0$，同理矛盾。

因此仅 $(p_0, q_0) = (0, 0)$ 时，成立。

**例 3-32** 如图 3-15 所示，在 $\triangle ABC$ 中，$\angle C = 90°$，$AC = BC$，$BE$ 平分 $\angle ABC$，$BE \perp AE$。求证：$AE = \dfrac{1}{2}BD$。

证明线段相等，一般可以使用证明三角形全等的方法。鉴于结论要求证明 $BD$ 的长度为 $AE$ 的两倍，我们可以使用截长或补短

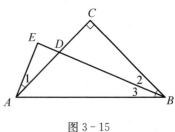

图 3-15

的方法，通过构造三角形全等来证明。不妨先使用截长的方法探索问题的解决方案。

**分析一** 通过截长构造全等三角形。如图 3-16,过点 $D$ 作 $DM \parallel AB$,交 $CB$ 于点 $M$,过点 $M$ 作 $MN \perp BD$,交 $BD$ 于点 $N$。

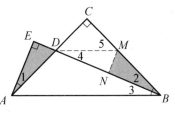

图 3-16

**证法一** 因为 $DM \parallel AB$,所以 $\angle 3 = \angle 4$。

因为 $\triangle ABC$ 为等腰三角形,$DM \parallel AB$,所以 $AD = BM$。

又因为 $\angle 2 = \angle 3$,所以 $\angle 2 = \angle 4$。所以 $DM = BM$。因此 $BN = \dfrac{1}{2}BD$。

在 $\triangle AED$ 和 $\triangle BNM$ 中,$\angle 1 = \angle 2$,$AD = BM$,$\angle E = \angle BNM$,所以 $\triangle AED \cong \triangle BNM$,所以 $AE = BN$,所以 $AE = \dfrac{1}{2}BD$。

**分析二** 通过截长构造全等三角形。连接 $CE$、$AE$ 在 $\triangle AEC$ 中,寻找与 $\triangle AEC$ 全等的三角形。如图 3-17,在 $BD$ 上取点 $F$,设 $BF = AE$,连接 $CF$。

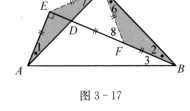

图 3-17

**证法二** 在 $\triangle AEC$ 和 $\triangle BFC$ 中,$AC = BC$,$\angle 1 = \angle 2$,$AE = BF$,所以 $\triangle AEC \cong \triangle BFC$,所以 $EC = FC$,$\angle 6 = \angle 7$。

又因为 $\angle 6 + \angle DCF = 90°$,所以 $\angle 7 + \angle DCF = 90°$。

所以 $\triangle ECF$ 为等腰直角三角形,于是 $\angle 8 = 45°$。

又因为 $\angle 2 = 22.5°$,所以 $\angle 6 = \angle 2$,所以 $BF = CF = FD$,所以 $AE = \dfrac{1}{2}BD$。

**分析三** 通过补短构造全等三角形。$BE$ 平分 $\angle ABC$,$BE \perp AE$,将 $\triangle AEB$ 沿 $BE$ 翻折,寻找与 $\triangle ACF$ 全等的三角形。如图 3-18,设 $AE$ 和 $BC$ 交于点 $F$。

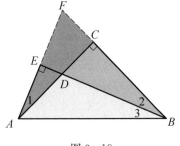

图 3-18

**证法三** 在 $\triangle ACF$ 和 $\triangle BCD$ 中，$\angle 1 = \angle 2$，$AC = BC$，$\angle ACF = \angle BCD$，所以 $\triangle ACF \cong \triangle BCD$，所以 $AF = BD$。

又因为 $BE \perp AF$，$BE$ 平分 $\angle ABC$，所以 $\triangle AFB$ 为等腰三角形。于是 $AE = \dfrac{1}{2}AF$。

所以 $AE = \dfrac{1}{2}AF = \dfrac{1}{2}BD$。

**评论** 利用全等三角形的性质证明线段相等、角相等是中学几何证明问题中常用的方法。在解决问题的过程中，要勤于思考，勇于探究。我们从几何证明中学习的是一种思维方法，以及它所体现的理性精神。

学生对数学的兴趣是学习成功的重要因素，浓厚的兴趣能够促使他们全身心投入学习。教师可以提供有吸引力的数学问题，帮助学生从发现者的角度去解决问题，并享受解决问题的乐趣。打开学生进入数学领域的通道，对于资优生的数学兴趣激发尤为重要。

# 第 4 章　问题意识：数学资优生成长的推动力

问题意识在数学发展中扮演着至关重要的角色，许多伟大的数学发现都源于对现有认识的质疑。例如，俄国数学家罗巴切夫斯基（Lobachevsky）建立的非欧几何源自对平行公设可否证明的质疑，法国数学家伽罗瓦（Galois）创造的群论源自对五次代数方程可根式求解的否定。问题意识与创新密切相关。有疑惑才会去思考，思考才会提出新问题，研究新问题才可能做出新成果。本章主要探讨数学资优生的问题意识养成。

## 4.1　问题意识

意识是指人们对外界和自身的觉察与关注程度。据此，可以认为问题意识指的就是对问题的觉察和关注程度。较强的问题意识就是说对问题很敏感，善于抓住问题。简单来说，问题意识就是指善于发现和提出问题。好奇心对问题意识有重要影响。问题意识的树立需要培养好奇心。如果一个人对什么事情都没有好奇心，也就不会产生问题意识，不会发现和提出问题，更不会去研究和创新。

### 4.1.1　问题意识与研究意识

问题意识是研究意识的前提条件。没有良好的问题意识就不可能有较好的研究意识。因此，问题意识是科学研究的起点。研究始于问题，有问题才会去研究，研究才能有所创新。问题在科学研究中起着引领方向的作用。美籍科学家爱因斯坦(Einstein)曾说过：提出一个问题往往比解决一个问题更重要，因为解决问题也许仅是数学上或实验上的技能，而提出新的问题、新的可能性，从新的角度去看旧的问题都需要有创造性的想象力，而且标志着科学的真正进步。事实上，没有问题就不会有研究，更不会有创新。科学技术创新人才的培养首先要从培养问题意识开始，培养学生敢于从新的角度提出问题。问题意识的具体表现就是提出问题的能力。关于问题与数学研究的关系，德国数学家希尔伯特(Hilbert)曾有精彩的论述：只要一门科学分支能提出大量的问题，它就充满着生命力，而问题的缺乏则预示着独立发展的衰亡或中止。后来美国数学家哈尔莫斯(Halmos)进一步总结提出：问题是数学的心脏！这充分说明问题在数学研究中的核心地位。在数学中，问题最重要的表现形式就是猜想。数学猜想在数学发展的过程中发挥着重要的作用。因此，数学教育中增强问题意识，培养问题提出能力，关键就是教猜想。

### 4.1.2　问题意识与问题解决能力

问题意识关乎问题解决能力的发展。问题解决能力的提高有助于更好地提出问题，提出更有价值的问题；问题提出能力的提高也能够激励深入地探索研究，从而促进问题解决能力的发展。问题提出与问题解决互相联系，互相作用，相辅相成。我国数学课程标准强调："学生应初步学会从数学的角度提出问题、理解问题，并能综合运用所学的知识和技能解决问题，发展应用意识。"但我国中学生提出数学问题的能力并不理想。汪晓勤和柳笛通过"否定假设法的问题提出"研究发现，我国普通高中生缺乏问题提出的经验，他们在列举问题属性，否定属性和提出问题上表现欠佳。[①] 问题是数学探究活动的起点，没有问题就没有探究。一个好的探究问题能够启发学生提出更多的问题，促进学生问题意识的发展，同时学生通过对该问题的研究能够获得对数学更深刻的认识和理解。

① 汪晓勤,柳笛.使用否定属性策略的问题提出[J].数学教育学报,2008,17(4):26-29.

问题提出有助于激发学生的数学兴趣,有助于学生体验到成就感。数学是一门创造性的学科。数学可以在学生第一次解决问题,发现更优美的解法或是突然感悟内在规律时,激发他们的愉悦和惊喜。这种惊喜特别有助于研究意识的发展,而研究意识的发展则能够促进问题解决能力的提高。著名数学家波利亚指出:"你要求解的问题可能不大,但如果它能引起你的好奇心,如果它能使你的创造才能得以展现,而且,如果你是用自己的方法去解决它们的,那么,你就会体验到这种紧张心情,并享受到发现的喜悦。"[①]对数学教育来说,不仅要重视问题解决而且要重视问题提出,关注学生的批判质疑精神,使学生不迷信,不盲从,敢想、敢问、敢说、敢做。这是增强问题意识,提高问题解决能力的必经之路。

## 4.2 | 数学问题意识的养成

数学课程标准要求把"质疑提问""问题意识"以及"提高学生提出问题和解决问题的能力"贯穿于教学的全过程。要提出具有研究价值的问题并非易事。学者的水平和能力往往由其提出问题的水平来衡量。优秀的问题能够引发人们的好奇心,拓展人们的知识面。因此,如何提出优秀的问题值得探究。这就要求掌握问题提出的方法。

### 4.2.1 观察归纳与问题意识

观察就是仔细查看。归纳是由一系列具体的事实概括出一般原理的方法。通过观察、归纳提出问题,就是通过仔细查看具体的数学事实,经过思考分析,概括提出其中蕴含的一般原理,最终归结为猜想或问题的活动。在数学及科学的发展历史上,观察和归纳起着重要的作用。英国物理学家法拉第(Faraday)曾说:"没有观察就没有科学,科学的发现诞生于仔细的观察中,观

---

① 波利亚.怎样解题——数学思维的新方法[M].涂泓,冯承天,译.上海:上海科技教育出版社,2007.

察是我们研究问题的出发点。"俄国心理学家巴普洛夫(Pavlov)曾指出：不学会观察就永远当不了科学家！许多数学定理都是通过对大量的数学事实进行观察和归纳得到的，如数论中关于整数性质的许多定理和猜想。其中许多至今仍未解决！通过观察归纳提出问题需要细心地观察和试验，需要有一双敏锐的眼睛，需要大胆的想象和顽强的毅力，只有这样才能发现事物之中存在的规律，提出真正有价值的问题。

**例 4-1**　如图 4-1 所示，圆内接正五边形 $A_1A_2A_3A_4A_5$，点 $P$ 为劣弧 $A_1A_5$ 上一点，求证：

$$PA_1^3 + PA_3^3 + PA_5^3 = PA_2^3 + PA_4^3。 \quad ①$$

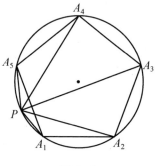

图 4-1

观察可知，等式左边为由点 $P$ 出发的所有奇数条边的立方和构成，右边为由点 $P$ 出发的所有偶数条边的立方和构成，这是圆内接正五边形时的情况。通过观察自然联想到如下问题：对于正三角形、正方形以及正 $n$ 边形时的情况又如何呢？是否也有类似的等式成立？如图 4-2 所示，圆内接正 $\triangle A_1A_2A_3$，点 $P$ 为劣弧 $A_1A_3$ 上一点，由于点 $A_1$、$A_2$、$A_3$、$P$ 四点共圆，由托勒密定理可知

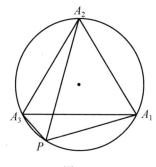

图 4-2

$$PA_1 \times A_3A_2 + PA_3 \times A_1A_2 = PA_2 \times A_3A_1，$$

即　　　　　　$$PA_1 + PA_3 = PA_2。 \quad ②$$

我们对比一下①式和②式，发现由点 $P$ 出发的所有奇数条边的和等于所有偶数条边的和，而仅仅次数由 1 变为了 3。一个是圆内接正三角形，另一个是圆内接正五边形。1 和 3 之间相差 2，而正三角形和正五边形之间有正方形，这促使我们提出如下猜想。

**猜想** 如图 4-3,圆内接正方形 $A_1A_2A_3A_4$,点 $P$ 为劣弧 $A_1A_4$ 上一点,则有下式成立

$$PA_1^2 + PA_3^2 = PA_2^2 + PA_4^2。\qquad ③$$

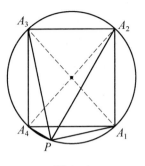

图 4-3

那么上述猜想是否成立呢? 答案是肯定的,下面我们给出一个严格的证明。

**证明** 连接 $A_1A_3$ 和 $A_2A_4$,因为四边形 $A_1A_2A_3A_4$ 为圆内接正方形,所以 $A_1A_3$、$A_2A_4$ 均为此圆的直径,于是 $A_1A_3 = A_2A_4$。

又由勾股定理可知 $PA_1^2 + PA_3^2 = A_1A_3^2$,$PA_2^2 + PA_4^2 = A_2A_4^2$,所以

$$PA_1^2 + PA_3^2 = PA_2^2 + PA_4^2,$$

即③式成立!

对比①式、②式和③式,可以发现由点 $P$ 出发的所有奇数条边的和等于所有偶数条边的和,而仅仅次数由 1 变为 2 再变为 3,对应着正三角形变为正方形再变为正五边形,而 $3-1=4-2=5-3=2$。

这难道只是巧合?

您不觉得其中存在着某种未知的规律么?

至此,通过观察、归纳,一个有趣的问题就提出来了。

**猜想** 设 $A_1A_2A_3\cdots A_n$ 为圆内接正 $n(n\geqslant 3)$ 边形,点 $P$ 为劣弧 $A_1A_n$ 上一点,求证:

$$PA_1^{n-2} + PA_3^{n-2} + PA_5^{n-2} + \cdots = PA_2^{n-2} + PA_4^{n-2} + PA_6^{n-2} + \cdots。$$

**例 4-2** 从正整数 $1,2,3,\cdots,100$ 中随意取出 51 个数,求证:其中一定有两个数,大的数是小的数的倍数。

**分析** 本题的关键是"两个数",大的数是小的数的倍数。那么我们需要构造抽屉,使得每一个抽屉里面任意取出两个数,都有一个是另一个的倍数,这就需要把公比是正整数的整个等比数列都放到一个抽屉里面才可以。

设法制造 50 个抽屉,且每个抽屉里的数(除仅有的一个外),其中一个数是另一个数的倍数。一个自然的想法就是从数的质因数表示形式入手。

设第一个抽屉里放进数:$1, 1 \times 2, 1 \times 2^2, 1 \times 2^3, 1 \times 2^4, 1 \times 2^5, 1 \times 2^6$;

第二个抽屉里放进数:$3, 3 \times 2, 3 \times 2^2, 3 \times 2^3, 3 \times 2^4, 3 \times 2^5$;

第三个抽屉里放进数:$5, 5 \times 2, 5 \times 2^2, 5 \times 2^3, 5 \times 2^4$;

……

第二十五个抽屉里放进数:$49, 49 \times 2$;

第二十六个抽屉里放进数:$51$;

……

第五十个抽屉里放进数:$99$。

那么随意取出 51 个数中,必有两个数同属一个抽屉,于是其中一个数就是另一个数的倍数。

**评论** 这个问题涉及自然数分类的基本知识:任何一个正整数都可以表示成一个奇数与 2 的方幂的积的形式:即 $m = (2k - 1) \times 2^n$,并且这种方法是唯一的。观察可以发现,本题中的 100 显然是一个特殊的数字,与问题的本质无关。这意味着我们可以对这个问题进行推广,于是可以提出下列问题。

**问题 1** 证明:从 $1, 2, 3, \cdots, 2n$ 中随意取出 $n+1$ 个数,那么其中一定有两个数,大的数是小的数的倍数。

**评论** 显然 $1, 2, 3, \cdots, 2n$ 中有 $n$ 个奇数,那么根据上一题,可以构造出 $n$ 个抽屉,当从中抽取出 $n+1$ 个数时,那么必定存在两个数在同一个抽屉,从而结论成立。事实上,我们可以反过来思考一下,提出如下问题。

**问题 2** 从 $1, 2, 3, \cdots, 100$ 中任取多少个数,才能使得其中一定有两个数,大的数是小的数的倍数?

**评论** 显然 $1, 2, 3, \cdots, 100$ 中有 50 个奇数,那么可以构造 50 个抽屉,那么只要取出 51 个数就可以了。

观察可以发现,无论是 100 还是 $2n$ 都是偶数,此时结论是成立的。如果有奇数个数,结论是否还成立呢? 这启示我们可以提出下列问题。

**问题 3** 从 $1, 2, 3, \cdots, 2n+1$ 中任取 $n+1$ 个数,是否可以使得其中一定有两个数,大的数是小的数的倍数?

**评论** 显然这 $2n+1$ 个数中有 $n+1$ 个奇数。如果取这 $n+1$ 个奇数,那么就必定不存在大的数是小的数的倍数。这促使我们思考如下的问题。

**问题 4** 从 $1, 2, 3, \cdots, 2n+1$ 中任取多少个数,才能使得其中一定有两个数,大的数是小的数的倍数?

**评论** 因为这 $2n+1$ 个数中有 $n+1$ 个奇数,所以需要构造 $n+1$ 个抽屉。那么从中抽取 $n+2$ 个数时,一定存在两个数在同一个抽屉,这意味着必定存在大的数是小的数的倍数。

**例 4-3** 设正数数列 $\{a_n\}$ 满足:$a_1 = 1 + \sqrt{2}$,当 $n \geqslant 2$ 时,

$$(a_n - a_{n-1})(a_n + a_{n-1} - 2\sqrt{n}) = 2,$$

求数列 $\{a_n\}$ 的通项公式。

**分析** 这是一个数列问题,给出了首项和递推关系,要求我们求出数列的通项 $a_n$。很明显,这个递推关系并不是简单的等差或等比数列。为了求出通项公式,我们不妨先计算一下这个数列的前几项,看看这个数列有什么规律。

$n = 1$ 时,$a_1 = 1 + \sqrt{2} = \sqrt{1} + \sqrt{2}$;

$n = 2$ 时,$(a_2 - a_1)(a_2 + a_1 - 2\sqrt{2}) = 2$,代入 $a_1 = 1 + \sqrt{2}$ 得

$$(a_2 - 1 - \sqrt{2})(a_2 + 1 + \sqrt{2} - 2\sqrt{2}) = 2,$$

即
$$a_2 = \sqrt{2} + \sqrt{3};$$

$n = 3$ 时,$(a_3 - a_2)(a_3 + a_2 - 2\sqrt{3}) = 2$,代入 $a_2 = \sqrt{2} + \sqrt{3}$ 得

$$(a_3 - \sqrt{2} - \sqrt{3})(a_3 + \sqrt{2} + \sqrt{3} - 2\sqrt{3}) = 2,$$

即
$$a_3 = 2 + \sqrt{3} = \sqrt{3} + \sqrt{4};$$

$n = 4$ 时,$(a_4 - a_3)(a_4 + a_3 - 2\sqrt{4}) = 2$,代入 $a_3 = \sqrt{3} + \sqrt{4}$ 得

$$(a_4 - \sqrt{3} - \sqrt{4})(a_4 + \sqrt{3} + \sqrt{4} - 2\sqrt{4}) = 2,$$

即
$$a_4 = 2 + \sqrt{5} = \sqrt{4} + \sqrt{5}。$$

观察可以发现,数列 $a_n$ 的值出现了非常明显的规律。据此,我们可以大胆地猜测,从而提出一个有趣的问题。

**猜想**  设正数数列 $\{a_n\}$ 满足 $a_1 = 1 + \sqrt{2}$,当 $n \geqslant 2$ 时,

$$(a_n - a_{n-1})(a_n + a_{n-1} - 2\sqrt{n}) = 2,$$

则对任意的正整数 $n$,$a_n = \sqrt{n} + \sqrt{n+1}$。

**评论**  因为 $n$ 是正整数,所以可以用数学归纳法尝试证明。事实上,很容易使用数学归纳法证明上述猜想成立。

### 4.2.2  类比联想与问题意识

类比是一种合情推理的方法,其基本思想是根据两种事物在某些特征上的相似性,推断它们在其他特征上也可能存在相似性,从而得出结论。联想指由于某人或某事物而想起其他相关的人或事物。通过类比、联想提出问题,就是将未知数学对象与已知数学对象进行比较,并根据已知数学对象的性质推测未知数学对象的性质。类比联想是一种合情推理的方法。因而,通过类比联想提出的猜想有可能正确也有可能错误,但学习合情推理仍然是必须的。英国数学家牛顿(Newton)曾说:"没有大胆的猜测就做不出伟大的发现。"波利亚也指出:"数学家创造性工作的结果是论证推理,是一个证明,但证明是由合情推理,是由猜想来发现的。"在数学和科学史上许多伟大的发现和发明都是通过类比联想得到的。特别是在几何学中,通过低维和高维的类比得到的结论更是数不胜数。德国天文学家开普勒(Kepler)说:"我珍视类比胜过任何别的东西,它是我最信赖的老师,它能揭示自然界的秘密,在几何学中它是最不容易忽视的。"因此,通过类比联想提出问题需要我们选取合适的类比对象,抓住两类事物的相似之处,进而合理地类比,提出问题。

**例 4‑4** $n$ 个点最多能够将直线分成多少条线段？

**评论** 这个问题非常简单，只要这 $n$ 个点中的任何两个都不重合，就能使分成的线段最多，并且最多能够将直线分成 $n+1$ 条线段。我们通过类比的思想，把点换成直线、圆、平面以及球，对这个问题进行深入的推广，可以提出一系列有趣的问题。

原题是 $n$ 个点对直线的最多分割。如果把点换成直线，那么会得到什么样的结果呢？据此，我们可以提出如下有趣的问题。

**问题 1** $n$ 条直线最多能够将平面分成多少个区域？

**评论** 本题讨论直线对平面的最多分割问题。首先需要分析满足什么条件才能使分割的平面区域最多。类比点分割直线的情况可知，只要这些直线任何两条都不平行，且任何三条都不共点就可以使分割的平面区域最多。然后，通过试验探索了 $n$ 条直线对平面的最多分割，归纳出了其中的规律。至于这个问题的详细解答见"第 5 章例 5‑12"。

上题中把点换成了直线并探讨了 $n$ 条直线对平面的最多分割问题。如果把点换成圆会得到什么结果呢？据此，我们可以提出如下有趣的问题。

**问题 2** $n$ 个圆最多能够将平面分成多少个区域？

**评论** 本题讨论圆对平面的最多分割问题。首先需要分析满足什么条件才能使分割的平面区域最多。类比直线分割平面的情况可知，只要这些圆中任何两个都交于两点，且任何三个圆都不共点就可以使分割的平面区域最多。

上题中把点换成圆并探讨了 $n$ 个圆对平面的最多分割问题。下面推广到空间，继续使用类比的思想进行探究。如果把点换成平面会得到什么结果呢？据此，我们可以提出如下有趣的问题。

**问题 3** $n$ 个平面最多能够将空间分成多少个区域？

**评论** 本题讨论平面对空间的最多分割问题。首先需要分析满足什么条件才能使分割的空间区域最多。类比直线分割平面的情况可知，只要这些平面任意两个都不平行，任意三个都不共点，且任意两条交线都不平行就可以使分割的平面区域最多。本题解答过程中类比直线对平面的分割问题，得到平面分割空间的递推关系,进而解决问题。

上题把点换成了平面,并探讨了 $n$ 个平面对空间的最多分割问题。如果把点换成球会得到什么结果呢?据此,我们可以提出如下有趣的问题。

**问题 4** $n$ 个球最多能够将空间分成多少个区域?

**评论** 本题讨论球对空间的最多分割问题。首先需要分析,满足什么条件才能使分割的空间区域最多。类比平面分割空间的情况可知,只要这些球中任意两个都交于一个圆,任意三个都不共点,且任意两个圆都交于两点就可以使分割的空间区域最多。问题解决过程中类比平面对空间的最多分割问题,得到球对空间的最多分割递推关系,通过求解递推关系进而求出问题的答案。

**例 4 - 5** 三角形特殊线段的交点

三角形是平面几何中最重要的几何图形之一。三角形具有许多奇妙的性质,其中某些特殊线段的交点尤为引人注目。例如,角平分线的交点,中线的交点,高的交点,等等。通过类比联想,我们可以提出许多有趣的数学问题。

**问题 1** 任意一个三角形的三个内角的角平分线是否都交于一点? 交点位置在哪里?

**评论** 任意一个三角形的三个内角角平分线都交于一点。这个点在三角形的内部,并且到三条边的距离相等。这个点叫做三角形的内心,即三角形内切圆的圆心。

上题讨论了任意一个三角形的三个内角的角平分线交点。类比角平分线,那么三条边的平分线,比如说中线,会得到什么结果呢?据此,我们可以提出如下问题。

**问题 2** 任意一个三角形的三条中线是否都交于一点? 交点位置在哪里?

**评论** 任意一个三角形的三条中线都交于一点,这个点叫做重心。重心在三角形的内部。重心到顶点的距离与重心到对边中点的距离之比为 $2:1$。这个性质具有广泛的应用。

上题讨论了任意一个三角形的三条中线的交点问题。类比中线，那么任意一个三角形的三条边的垂直平分线会得到什么结果呢？据此，我们可以提出如下有趣的问题。

**问题 3** 任意一个三角形的三边垂直平分线是否交于一点？交点位置在哪里？

**评论** 三角形的三边垂直平分线交于一点。这个点叫做三角形的外心，也就是三角形外接圆的圆心。它到三角形的三个顶点的距离都相等。锐角三角形的外心在三角形内；直角三角形的外心在斜边的中点上；钝角三角形的外心在三角形外。

上题讨论了任意一个三角形的三边垂直平分线的交点问题。类比垂直平分线，那么任意一个三角形的三条高会得到什么结果呢？据此，我们可以提出如下有趣问题。

**问题 4** 任意一个三角形的三条高所在直线是否都交于一点？交点位置在哪里？

**评论** 任意一个三角形的三条高所在直线都交于一点，这个点叫做三角形的垂心。锐角三角形的垂心在三角形的内部；直角三角形的垂心就是直角顶点；钝角三角形的垂心在三角形的外部，是三条高的反向延长线的交点。

**例 4-6** 证明：$n \in \mathbf{N}$ 时，等差数列 $\{2n+1\}$ 中存在无穷多个素数。

**分析** 众所周知，唯一的偶素数是 2，其余所有的素数都是奇数，并且可以写成 $2n+1$ 的形式，显然这是一个等差数列。所以问题的证明是显而易见的。这是一个有趣的素数分布问题。类比形如 $\{2n+1\}$ 的等差数列，比如等差数列 $\{3n+1\}$、$\{5n+1\}$ 等，那么这些数列中是否也存在无穷多个素数呢？事实上，可以证明上述问题的答案是肯定的。类比可知，这几个问题本质相同。那么对于一般的素数 $p$，是否也有类似的结论呢？据此，可以提出如下有趣的问题。

**问题 1** 设 $p$ 为任意给定的素数，求证：$n \in \mathbf{N}$ 时，等差数列 $\{pn+1\}$ 中

存在无穷多个素数。

上述问题的回答是肯定的。下面我们把它进一步推广，探讨对于素数 $p$ 的幂是否还有类似的结论成立。于是，可以提出如下有趣的问题。

**问题 2** 设 $p$ 为任意给定的素数，$n \in \mathbf{N}$ 时，等差数列 $\{p^\alpha n + 1\}$ 中是否存在无穷多个素数？其中 $\alpha$ 为任意给定的正整数。

既然对任意的素数 $p$，数列 $\{pn + 1\}$、$\{p^\alpha n + 1\}$ 中都存在无穷多个素数。那么对于一般的实数，会出现什么情况呢？结论是否还成立呢？这样我们就提出了一个新的问题。

**问题 3** $n \in \mathbf{N}$ 时，等差数列 $\{kn + 1\}$ 中是否存在无穷多个素数？其中 $k$ 为任意给定的正整数。

**评论** 本题通过类比奇数中存在无穷多个素数，探讨了等差数列中的素数的个数问题，提出了三个简洁而又优美的问题。素数是数论中最引人注目的数字。关于素数，有很多简洁优美的问题。尽管这些问题看起来简洁明了，但要证明或否认它们的正确性却异常困难。事实上，一直到现在还有许多关于素数的未解之谜等待着年轻的数学天才大展身手。例如，孪生素数猜想，梅森素数问题，奇完全数问题，等等。

### 4.2.3 抽象概括与问题意识

抽象指从许多事物中，舍弃个别的、非本质的属性，抽出共同的、本质的属性的行为。概括指把事物共同的特点归结在一起的方法。通过抽象概括提出问题就是把实际问题进行抽象，舍弃非本质的属性得到本质的认识，进而把一个实际问题转化为数学问题，或者通过概括多个问题的共同特点，进而统一为一个一般性的数学问题的过程。抽象概括的思想在数学发展的过程中发挥着重要的作用，许多数学概念、数学定理甚至数学学科的发现都是通过抽象概括而得出的。例如，哥尼斯堡七桥问题，瑞士数学家欧拉（Euler）通过抽象将其转化为了一笔画问题进行解决，不仅解决了这个难题，而且还开创了一个新的数学学科——图论。抽象概括处理的问题主要是实际问题。实际问题通常都有较为复杂的背景信息。通过抽象概括提出问题需要提取实际问题中的关键信息,透过复杂的背景信息识别出其中的数学本质,进而把实际问题转化为一个数学问题。然后,再使用数学的思想、方法和知识解决这个数学问题。目前,中小学数学课程标准大力倡导的数学建模活动就是抽象概括思想的一个具体应用。

**例 4-7** 三根导线问题

上海和平饭店的电工,发现地下室控制十楼及以上楼层的空调温度显示不准确。调查发现是连接地下室和房间空调器的三根导线的长度不同导致电阻不相同导致的。为了排除故障,需要测量出三根导线的电阻。请问怎样解决这个问题?

**分析** 本题需要我们解决如何测量出这三根导线的电阻。由于这三根导线一端连接地下室,另一端连接楼上房间中的空调设备,导线的两端相距遥远,显然无法直接使用万用表测量出来。思考可以发现,三根导线的电阻都是未知数,这启示我们或许可以通过设未知数列方程来解决问题。不妨设第一根导线的电阻为 $x$,第二根导线的电阻为 $y$,第三根导线的电阻为 $z$。如果我们把房间中的导线两两连接起来,那么就能够在地下室测量出相应两根导线的电阻之和。再设,这三根导线两两连接之后的电阻分别为 $a$、$b$、$c$,于是就可以建立方程了。这样通过抽象概括,就把导线两端相距遥远的电阻测量问题转化为了解方程问题,如下所示。

**问题** 已知 $a$、$b$、$c$ 为三个实数,$x$、$y$、$z$ 是未知数,求下列方程组的解。

$$\begin{cases} x + y = a, \\ y + z = b, \\ z + x = c. \end{cases}$$

**评论** 求解这个三元一次方程组是一个非常常规的数学问题。然而,把上述三根导线的电阻测量问题,转化为求解这个方程组问题却极具挑战性。本题充分展示了面对一个实际问题,如何通过抽象概括舍弃次要的背景信息,抓住问题中的数学本质,从而把一个实际问题转化为数学问题,进而使用数学的思想、方法和知识解决实际问题的数学建模思想。

**例4-8** 已知有6个人参加一个集会,每两个人原先都互相认识或互相不认识。求证:至少存在3个人原先就互相认识或互相不认识。

**分析** 这是一个典型的人员交流问题,解决这个问题的关键是把它转化为数学问题。这样才能够使用数学的思想、方法和知识解决问题。我们通过抽象概括,把6个人视为6个点,互相认识用实线连接,互相不认识用虚线连接,于是原问题就转化为了如下问题。

**问题** 如图4-4所示,平面上有6个不共线的点 $A$、$B$、$C$、$D$、$E$、$F$,任意两点之间用实线或虚线连接。求证:一定存在一个实线三角形或虚线三角形。

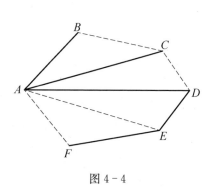

图4-4

**评论** 原问题是一个实际问题。我们通过抽象概括,抓住了问题中的数学特征,进而把原问题转化为了一个数学问题。本题具体来说是一个图论问题,于是我们可以使用图论的思想、方法和知识来解决问题。点 $A$ 与点 $B$、$C$、$D$、$E$、$F$ 相连,根据抽屉原理至少存在三条一样的线,不妨设为实线且连接 $B$、$C$、$D$ 三点,于是 $BC$ 和 $CD$ 就是虚线。现在来看 $BD$ 如何连线。如果 $BD$ 连实线,则△$ABD$ 是实线三角形。如果 $BD$ 连虚线,则△$BCD$ 是虚线三角形。这表明无论6个点如何连线,一定存在一个实线三角形或虚线三角形。

**例4-9** 液态奶纸质包装盒

如图4-5所示,液态奶是我们日常生活中的常用饮品之一,不同公司的产品其包装形状各有差别。然而,几乎所有企业都采用的是长方体形状的包装盒。我们从数学的角度对实际问题进行抽象概括,可以提出如下数学问题。

图 4-5

**问题 1** 为什么液态奶包装盒都设计成长方体的形状?

**评论** 通过对等体积的球、圆柱和正方体的讨论,容易得出如下结论:正方体的表面积最大,圆柱次之,球的表面积最小。然而在市场上,没有正方体、圆柱和球形状的液态奶包装盒,最常见的是几种长方体形状的包装盒。分析可知,其原因在于长方体形状的包装盒制作工艺较为简易,使用材料比较节约,符合最优化的原理。仔细观察可以发现,生活中常见的包装盒都是由长方形纸板折叠而成的,但大小并不完全一样,这启示我们提出如下问题。

**问题 2** 怎样设计长方形纸板的数据最省材料?

**评论** 通过抽象概括,可以建立该问题的数学模型——最优化模型,研究表明当包装盒的内表面长、宽、高比例为 2∶1∶2 时,使用的包装纸材料最为节省。调查发现市场上常见的包装盒并不是按上述比例设计的,这是为什么呢?原来企业不仅关心材料使用的多少还要关心产品的外观如何。从数学美的角度分析可知,当采用 6.3×4.0×10.5 的长、宽、高比例设计时,较为接近黄金分割比,更吸引消费者的注意力,而这样的设计,费料并不增加多少但是却实现了节约成本和增加销量的双重效果,受到企业的广泛重视。

**例 4-10** 人、狗、鸡、米过河问题。

某人带着狗、鸡和米要坐船过河到对岸,船需要人划动,并且船最多只能带一个物品过河。当人不在现场的时候会发生危险,狗会吃鸡,鸡也会吃米,但是狗不吃米。问:如何才能安全过河?

**分析** 这是一个有趣且有一定挑战性的游戏。解决问题的关键是如何把实际问题转化为数学问题。我们可以通过抽象概括,把人、狗、鸡、米视为一个四维向量,向量的每位维度使用0或1来表示所处的位置。比如,(1,1,0,1)表示人、狗、米在此岸,而鸡在对岸,此时不会发生危险,是一个安全状态。而(1,1,0,0)表示人和狗在此岸,鸡和米在对岸,这时就会发生鸡吃米的危险,是一个危险的状态。于是,原问题就转化为了从状态(1,1,1,1)转移到状态(0,0,0,0)的通路问题,其中不经过任何危险状态。据此,我们通过抽象概括就提出了一个有趣的数学问题。

**问题** 已知,如图4-6所示,一个四维数组表示一个状态,每次可以从一侧的状态转移到对侧的状态,求一条从状态(1,1,1,1)到(0,0,0,0)的通路。

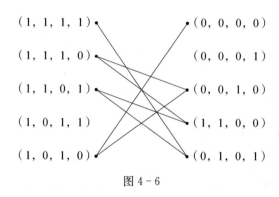

图4-6

**评论** 这是一个图论中的状态转移问题,可以使用图论中状态转移与通路的思想、方法和知识解决,并且找到一条满足条件的通路不困难。但是,如何把这个游戏转化成数学问题就需要较强的抽象概括能力。本题的解决方案如图4-6所示:(1,1,1,1)→(0,1,0,1)→(1,1,0,1)→(1,1,0,0)→(1,1,1,0)→(0,0,1,0)→(1,0,1,0)→(0,0,0,0)。

用普通语言叙述就是:人带着鸡渡河到对岸,人再划船独自返回,然后将米带到对岸,再将鸡带回来,然后将此岸的狗带到对岸,独自回到对岸,再将鸡带过河,这样就可以使人、狗、鸡、米全部安全地运到对岸。

### 4.2.4　否定假设与问题意识

1969 年,美国学者布朗(Brown)和华尔特(Walker)提出一种否定属性"若非—则如何"(what-if-not)的问题提出策略。我国学者一般称之为"否定假设法"。否定假设法的法则如下:第一,确定出发点,这可以是已知的命题、问题或概念等;第二,对所确定的对象进行分析,列举出它的各个属性;第三,就所列举的每一属性进行思考:如果这一属性不是这样的话,那它可能是什么? 第四,依据上述对于各种可能性的分析提出新的问题;第五,对所提出的新问题进行选择。[1]　自从否定假设法传入我国后,陆续有学者用其来探讨我国中学生和教师的问题提出能力。实践表明否定假设法是一个十分有效的问题提出策略[2]。因此,使用否定假设法,培养学生的问题提出能力,引起了越来越多数学教师的关注和重视。

**例 4-11**　设 $\triangle ABC$ 为直角三角形,$\angle C$ 是直角,$a$、$b$、$c$ 为三边长,证明:

$$a^2 + b^2 = c^2。$$

**评论**　这是数学史上著名的勾股定理。国外一般称之为毕达哥拉斯定理。勾股定理是数学中最著名的定理之一,在代数、几何、分析、数论等数学学科有着广泛的应用。勾股定理的证明难度不大,并且方法多种多样,是一个非常适合数学资优生探索研究的数学问题。勾股定理中的假设条件主要是"直角三角形"和"边长的平方"。下面我们使用"否定假设法",以勾股定理为基础探索如何通过否定假设提出问题。

勾股定理中要求 $\triangle ABC$ 为直角三角形,如果 $\triangle ABC$ 不是直角三角形,那会出现什么样的结果呢? 是否还存在类似的结论呢?

**问题 1**　设 $\triangle ABC$ 为任意三角形,$a$、$b$、$c$ 为三边长,$A$、$B$、$C$ 为三内角,求证:

---

① 郑毓信,肖柏荣,熊萍.数学思维与数学方法论[M].成都:四川教育出版社,2001.
② 汪晓勤,柳笛.使用否定属性策略的问题提出[J].数学教育学报,2008,17(4):26-29.

$$a^2 + b^2 - 2ab\cos C = c^2,$$

$$a^2 + c^2 - 2ac\cos B = b^2,$$

$$b^2 + c^2 - 2bc\cos A = a^2。$$

**评论** 这是数学中有名的余弦定理。它是勾股定理在一般三角形中的形式，也是勾股定理的直接推广。余弦定理在数学问题解决中有着广泛的应用，特别是在解三角形中发挥着重要的作用。

问题 1 中否定了条件中的"直角三角形"，从而得到了余弦定理。现在否定条件中的"边长的平方"会出现什么样的变化呢？又能够得到什么结论呢？

**问题 2** 设 $\triangle ABC$ 为直角三角形，$\angle C$ 是直角，$a$、$b$、$c$ 为三边长，求证：

$$a + b > c。$$

**评论** 本题中我们否定了勾股定理中"边长的平方"这一条件，并提出了新的条件"边长的一次幂"，从而得到了几何学中的定理"三角形的两边之和大于第三边"。事实上，在上述定理中并不要求 $\triangle ABC$ 一定是直角三角形。另外，否定"边长的平方"后还有其他的方式可以选择，还可以提出其他的问题。

**问题 3** 设 $\triangle ABC$ 为直角三角形，$\angle C$ 是直角，$a$、$b$、$c$ 为三边长，$n \in \mathbf{Z}_+$，且 $n \geqslant 3$，求证：

$$a^n + b^n < c^n。$$

**评论** 我们否定了勾股定理中"边长的平方"这一条件，提出了新的条件"边长的 $n$ 次幂"，于是得到了一个有趣的几何不等式问题。这个问题的证明方法很多，用放缩法、换元法、求导法等都可以解决。

问题 1 中否定了条件中的"直角三角形"，问题 2 和问题 3 中否定了条件中的"边长的平方"，都得到了有趣的数学结果。下面我们再从代数的角度继续探索勾股定理，提出新的问题。

**问题 4** 求证：不定方程 $x^2 + y^2 = z^2$ 存在无数组正整数解。

**评论** 本题从代数的角度研究勾股定理,得到了一个有趣的不定方程问题。这个问题实质是单位圆上的有理点问题,目前学术界已经得到许多有趣的结论。本题与从几何角度对原问题的研究截然不同。那么,如果从代数的角度使用"否定假设法",又能得到什么样的结论呢?

**问题 5** 设 $n \in \mathbf{Z}_+$,求证:不定方程 $x^2 + y^2 = z^n$ 存在无数组正整数解。

**评论** 本题否定了原方程中"指数都相等"这一条件,并给出了"$z$ 的指数是 $n$"的条件,从而提出了一个新的不定方程问题。我们可以使用跳板数学归纳法证明上述结论的正确性。类似地,我们还可以接着使用否定假设法,从代数的角度提出新的问题,如下所示。

**问题 6** 设 $n \in \mathbf{Z}_+$,且 $n \geqslant 3$,求证:不定方程 $x^n + y^n = z^n$ 没有正整数解。

**评论** 这是数学史上著名的费马大定理,也是历史上最困难的数学问题之一。该定理从 1637 年法国律师兼业余数学家费马(Fermat)在书中提出来到 1993 年被解决,历时 356 年。数学家们在解决费马大定理的过程中创造了大量的数学概念和数学方法,大大推动了数学科学的发展,以至于费马大定理被德国数学家希尔伯特称之为"会下金蛋的鹅"。

**例 4-12** 如图 4-7,对任意△$ABC$,分别以 $AB$、$AC$ 为斜边向外作等腰直角△$ADB$ 与△$AEC$,取 $BC$ 中点 $M$,连接 $DM$、$EM$、$DE$。

求证:△$DEM$ 为等腰直角三角形。

**评论** 这是一道有趣的平面几何问题。本题解题思路较多,证明方法也多种多样,在第 5 章给出了几个详细的证明。

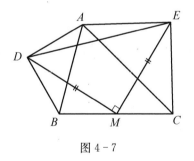

图 4-7

这个问题中的条件主要有"向外""等腰""直角"等,我们针对这些条件,使用"否定假设法"可以提出一些有趣的探究问题。

**问题 1** 如图 4-8 所示,原题是向外作等腰直角△$ADB$ 与△$AEC$,若改为向内作等腰直角三角形,其他条件保持不变,则结论是否会变化?

**评论** 此时,可以证明△DEM 仍然是等腰直角三角形。

原题中等腰三角形的条件有何作用? 删去后会得到什么结论? 据此,我们可以提出如下问题。

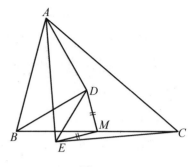

图 4 – 8

**问题 2** 如图 4 – 9 所示,若△ADB 与△AEC 均为直角(不一定等腰)三角形,且满足∠DAB = ∠EAC,其他条件保持不变,则结论将会如何变化?

**评论** 此时,可以证明△DEM 是等腰三角形,但不一定是直角三角形。

原题中直角三角形的条件有何作用? 删去后能得到什么结论? 据此,我们可以提出如下问题。

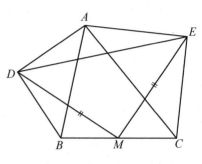

图 4 – 9

**问题 3** 如图 4 – 10 所示,若△ADB 与△AEC 均为等腰(不一定直角)三角形,且满足∠DAB + ∠EAC = 90°,其他条件保持不变,则结论将如何变化?

**评论** 此时,可以证明△DEM 是直角三角形,但不一定是等腰三角形。就这样,我们通过找出原问题中的条件,使用否定假设法,提出了 3 个有趣的问题。这些问题的解答与原问题的证明思路大同小异,有兴趣的读者可以亲自尝试。

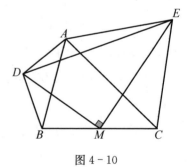

图 4 – 10

**例 4 – 13** 设 $a,b,c > 0$,且 $a + b + c = 1$。

证明:

$$\left(a + \frac{1}{a}\right)\left(b + \frac{1}{b}\right)\left(c + \frac{1}{c}\right) \geqslant \frac{1000}{27}。$$

**评论** 这是一道中学数学杂志中常见的不等式证明题,是一道数学竞赛题,有一定的难度。本题中的条件和结论都很漂亮,有利于吸引数学资优生探索研究。我们使用"否定假设法",根据这个问题,可以提出许多有趣的问题。

原不等式是三元不等式,如果是 $n$ 元不等式会得到什么样的结果呢? 可以提出如下问题。

**问题 1** 设 $x_1, x_2, \cdots, x_n > 0$,且 $x_1 + x_2 + \cdots + x_n = 1$,证明:

$$\left(x_1 + \frac{1}{x_1}\right)\left(x_2 + \frac{1}{x_2}\right)\cdots\left(x_n + \frac{1}{x_n}\right) \geq \left(n + \frac{1}{n}\right)^n 。$$

问题 1 中否定了原不等式中变元的个数,从而得到了一个 $n$ 元不等式。现在接着使用否定假设法进行新的否定。原不等式变元的次数都是 1,如果不是 1 呢? 我们可以提出如下问题。

**问题 2** 设 $a, b, c > 0$,且 $a + b + c = 1$,$k \in \mathbf{N}_+$,证明:

$$\left(a^k + \frac{1}{a^k}\right)\left(b^k + \frac{1}{b^k}\right)\left(c^k + \frac{1}{c^k}\right) \geq \left(3^k + \frac{1}{3^k}\right)^3 。$$

问题 2 中否定了原不等式中的次数,从而得到了一个 $k$ 次幂的三元不等式。现在接着使用否定假设法进行新的否定。原不等式变元之间是相加的关系,如果是相减呢? 我们可以提出如下问题。

**问题 3** 设 $a, b, c > 0$,且 $a + b + c = 1$,$k \in \mathbf{N}_+$,证明:

$$\left(\frac{1}{a^k} - a^k\right)\left(\frac{1}{b^k} - b^k\right)\left(\frac{1}{c^k} - c^k\right) \geq \left(3^k - \frac{1}{3^k}\right)^3 。$$

问题 3 中否定了原不等式中的符号,从而得到了一个相减的三元不等式。现在接着使用否定假设法进行新的否定。原不等式变元的次数都是相同的,如果不同呢? 我们可以提出如下问题。

**问题 4** 设 $a, b, c > 0$,且 $a + b + c = 1$,证明:

$$\left(a + \frac{1}{a^2}\right)\left(b + \frac{1}{b^2}\right)\left(c + \frac{1}{c^2}\right) \geq \left(\frac{28}{3}\right)^3 。$$

问题 4 中否定了原不等式中的次数的同一性，从而得到了一个次数不同的三元不等式。现在接着使用否定假设法进行新的否定。原不等式变元的次数都是自然数，如果是有理数或是实数呢？我们可以提出如下问题。

**问题 5** 设 $a$，$b$，$c > 0$，且 $a+b+c=1$，$k \geqslant 1$ 且 $k \in \mathbf{Q}_+$，证明：

$$\left(a^k+\frac{1}{a^k}\right)\left(b^k+\frac{1}{b^k}\right)\left(c^k+\frac{1}{c^k}\right) \geqslant \left(3^k+\frac{1}{3^k}\right)^3.$$

问题 5 中否定了原不等式中的次数都是自然数，从而得到了一个次数是有理数或实数的三元不等式。现在接着使用否定假设法进行新的否定。原不等式变元的系数都是 1，如果不是 1 呢？我们可以提出如下问题。

**问题 6** 设 $a$，$b$，$c > 0$，且 $a+b+c=1$，$\lambda \geqslant 1$，证明：

$$\left(a+\frac{\lambda}{a}\right)\left(b+\frac{\lambda}{b}\right)\left(c+\frac{\lambda}{c}\right) \geqslant \left(3+\frac{\lambda}{3}\right)^3.$$

**评论** 问题 6 中否定了原不等式中的变元的系数都是 1，从而得到了一个变元的系数都是参数 $\lambda$ 的三元不等式。事实上，综合运用变元数、次数、符号、参变量等因素，我们还可以提出更多的数学问题，有兴趣的读者可以一试。

**例 4-14** 如图 4-11 所示，有排成一行的 $n$ 个方格，用红、黄、蓝三色涂每个格子，每格涂一色，要求任何相邻的方格不能同色（颜色可全用也可只用部分）。求所有满足要求的涂法的个数。

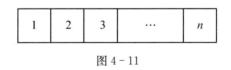

图 4-11

**分析** 这是一道组合数学中的染色问题，要求我们求出满足条件的所有染色方法的个数。本题较为容易，通过乘法原理直接计算即可。原问题中的条件主要有"一行""三种颜色""颜色可全用也可只用部分"。下面我们使用"否定假设法"，探索如何根据这个问题提出新的问题。

原问题是用三种颜色涂色,如果不是用三种颜色涂色,那会得到什么样的结果呢?据此,我们可以提出如下有趣的探究问题。

**问题 1** 有排成一行的 $n$ 个方格,用 $m(m \geqslant 2)$ 种颜色涂每个格子,每格涂一色,要求任何相邻的方格不能同色(颜色可全用也可只用部分)。求全部满足要求的涂法。

问题 1 中否定了原题中"三种颜色",从而提出了一个用 $m$ 种颜色涂色的问题。现在我们否定原题中的另一个条件"颜色可全用也可只用部分",看看能提出什么样的问题?

**问题 2** 有排成一行的 $n$ 个方格,用红、黄、蓝三色涂每个格子,每格涂一色,要求任何相邻的方格不能同色,并且每种颜色都要用上。求全部满足要求的涂法。

问题 2 中否定了原题中"颜色可全用也可只用部分"这一条件,从而得到了一个三种颜色都要用上的染色问题。现在我们接着对原题中的条件进行否定,否定"一行"这一条件。于是,我们可以提出如下有趣的探究问题。

**问题 3** 如图 4-12 所示,有排成两行的 $2 \times n$ 个方格,用红、黄、蓝三色涂每个格子,每格涂一色,要求任何相邻的方格不能同色(颜色可全用也可只用部分)。求全部的满足要求的涂法。

| $A_1$ | $A_2$ | $A_3$ | $\cdots$ | $A_{n-1}$ | $A_n$ |
|-------|-------|-------|----------|-----------|-------|
| $B_1$ | $B_2$ | $B_3$ | $\cdots$ | $B_{n-1}$ | $B_n$ |

图 4-12

问题 3 中否定了"一行"这一条件,从而得到了一个排成两行的 $2 \times n$ 个方格的涂色问题。这是一个有趣的问题,值得数学资优生深入思考。现在我们接着对排成两行的 $2 \times n$ 个方格的涂色问题使用否定假设法。如果不是用三种颜色,可以提出如下有趣的问题。

**问题 4** 如图 4-12 所示,有排成两行的 $2 \times n$ 个方格,用 $m(m \geqslant 2)$ 种颜

色涂每个格子,每格涂一色,要求任何相邻的方格不能同色(颜色可全用也可只用部分)。求全部满足要求的涂法。

问题 4 中对排成两行的 $2 \times n$ 个方格,否定了"三种颜色"这一条件,从而得到了一个排成两行的 $2 \times n$ 个方格的用 $m(m \geqslant 2)$ 种颜色涂色的问题。现在我们接着对排成两行的 $2 \times n$ 个方格的涂色问题使用否定假设法。如果不是颜色可全用也可只用部分,可以提出什么样的问题呢?

**问题 5** 如图 4-12 所示,有排成两行的 $2 \times n$ 个方格,用 $m(m \geqslant 2)$ 种颜色涂每个格子,每格涂一色,要求任何相邻的方格不能同色,并且每种颜色都要用上。求全部的满足要求的涂法。

问题 5 中对排成两行的 $2 \times n$ 个方格,否定了"颜色可全用也可只用部分"这一条件,从而得到了一个排成两行的 $2 \times n$ 个方格的用 $m(m \geqslant 2)$ 种颜色,并且颜色全部都要使用的涂色问题。

现在我们接着对原问题使用否定假设法。如果不是"排成一行"而是排成一个首尾相接的圆形,可以提出如下一系列有趣的问题。

**问题 6** 如图 4-13 所示,有一个环状的图形,对各个彼此相连的 $n$ 个区域,用红、黄、蓝三种颜色涂每个格子,每格涂一色,要求任何相邻的区域不能同色(颜色可全用也可只用部分)。求全部满足要求的涂法。

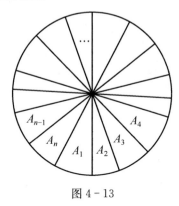

图 4-13

**问题 7** 如图 4-13 所示,有一个环状的图形,对各个彼此相连的 $n$ 个区域,用 $m(m \geqslant 2)$ 种颜色涂每个格子,每格涂一色,要求任何相邻的区域不能同色(颜色可全用也可只用部分)。求全部的满足要求的涂法。

**问题 8** 如图 4-13 所示,有一个环状的图形,对各个彼此相连的 $n$ 个区域,用 $m(m \geqslant 2)$ 种颜色涂每个格子,每格涂一色,要求任何相邻的区域不能同色,并且每种颜色都要用上。求全部满足要求的涂法。

**评论**　原问题中的条件有三个,分别是"一行""三种颜色""颜色可全用也可只用部分"。我们否定"一行"这个条件后给出了两个不同的条件,"两行"和"圆形";针对"三种颜色",否定后给出了"$m$ 种颜色"的条件;针对"颜色可全用也可只用部分",否定后给出了"全部使用"的条件。换句话说,如果使用否定假设法,我们一共可以得到 12($3 \times 2 \times 2 = 12$) 个不同的涂色问题。限于篇幅,此处不再给出剩余的问题。事实上,如果我们把条件"一行"改为"$n$ 行",甚至"$n$ 行首尾连接的圆形",将会得到更多的问题,有兴趣的读者可以自己尝试提出问题。

著名数学家和数学教育家波利亚认为:"好的题目和某种蘑菇有点相似之处,它们都成串生长,找到了一个以后,我们应该回头看看,很有可能在很近的地方又能找到更多的。"[①]事实的确如此。我们找到一个问题后,一定要在它的周围多找一找,因为它的附近很可能还隐藏着更多的问题。只要认真探索,就一定能够发现这些隐藏的问题。提出问题是不困难的,只要我们掌握适当的提出问题的方法,比如观察归纳、类比联想、抽象概括以及否定假设等,进行认真的探索就能发现并提出许多有价值的问题。问题是创新的起点,没有问题就没有所谓的创新。数学资优生创新能力的培养,首先需要的就是增强问题意识,提高发现问题和提出问题的能力,这是创新拔尖人才成长的关键一步,也是问题解决能力培养的基础。

---

① 波利亚.怎样解题——数学思维的新方法[M].涂泓,冯承天,译.上海:上海科技教育出版社,2007,186.

# 第 5 章　问题解决能力：数学资优生培养的关键

数学问题一般可以分为纯数学问题和应用数学问题。纯数学问题又可以分成常规数学问题和非常规数学问题。常规数学问题通常有固定的算法或解题思路。非常规数学问题则没有固定算法或解题思路，必须进行探索，灵活运用各种数学思想、方法和知识才能解决。本书中所说的问题特指非常规数学问题和应用数学问题。本章主要探讨数学资优生问题解决能力的培养。

## 5.1 问题解决能力

本书中所说的问题解决能力指的是非常规数学问题和应用数学问题的解决能力。问题解决能力是中小学生数学核心素养的具体体现。著名数学家和数学教育家波利亚认为数学教育的目标是教学生学会思考。学会思考的一个标志就是具有较强的问题解决能力，尤其是非常规数学问题和应用数学问题的解决能力。问题解决能力在提高学生的科学素养尤其是创新能力方面作用显著。问题解决早已成为我国数学教育界关注的焦点话题。数学资优生问题解决能力教育要促使资优生的数学能力逐渐从数学应试能力向数学研究能力进行转变，从培养解决别人提出的问题的能力逐渐过渡到发展自己提出问题并解决问题的能力。

### 5.1.1 数学知识是问题解决能力的基础

知识分为陈述性知识、程序性知识和策略性知识。从这个角度来讲，数学知识、数学思想以及数学方法都可以称为数学知识，是广义的数学知识。数学知识和问题解决能力密切相关。如果缺乏相关领域的数学知识，通常相应领域的问题解决能力必定不足。因此，数学知识是问题解决能力的基础，而问题解决能力则是数学知识灵活应用的体现。资优生的教育要走在学生发展的前面。上海中学生的数量只占全国很小的比例，然而上海在历年的中国数学奥林匹克乃至国际数学奥林匹克中都涌现出大量的优秀选手。上海数学资优生教育成功的重要经验就是教学走在了资优生发展的前面，为资优生提供充足的数学学习资源，提供个人充分发展的空间。

问题解决能力以数学知识为基础。资优生需要额外的数学学习机会以便获得问题解决必要的数学知识。资优生对数学知识理解的深度和掌握的熟练度远超一般的学生。常规的数学课程内容难以满足资优生的数学求知欲，更难以满足资优生成长的需要。数学教师必须根据资优生的特点尽力为资优生准备丰富多样的课外学习资源，使资优生能够了解一些重要的数学学科知识，初步看一看数学这棵参天大树的全貌。这样的教育不仅能够激发资优生的数学兴趣，满足资优生的求知欲，而且能够适应资优生发展的需要，从而真正做到因材施教。

### 5.1.2 学会思考是培养问题解决能力的关键

解题的关键是找到解法。那么解法是如何想到的呢？对此，著名数学家和数学教育家波利亚的回答是用一系列的提示语来诱发一个"好念头"。例如，"这是什么类型的问题？它与某个已知的问题有关吗？它像某个已知的问题吗？你能设想出一个同一类型的问题、一个类比的问题、一个更一般的问题、一个更特殊的问题吗？"，"看着未知数"，"盯着目标"，"能不能把问题重新表述得使未知量与已知量、结论和假设看上去彼此更加接近呢？"[1]，等等。这些提示语的目的是引导学生跟随这些问题进行思考，从而帮助学生学会如何

---

[1] 波利亚.怎样解题——数学思维的新方法[M].涂泓，冯承天，译.上海：上海科技教育出版社，2007.

找到问题解决的思路。

波利亚的回答是一位职业数学家多年问题解决工作经验的总结。毫不夸张地说，没有人能够比他回答更合适。他认为不仅要教给学生知识，而且要教给学生"才智"、思维的方式以及有条不紊的工作习惯。这一系列提示语就是一种思维的方式，是学会思考的关键。虽然这些提示语看起来很简单，也很普通，但是它们在问题解决中发挥着重要作用。每当找不到解题思路的时候，请务必回到波利亚的提示语，认真对照这些提示语，深入思考，或许经过一段时间的思索，就能诱发一个"好念头"，而正是这个念头帮助找到了问题解决的方法。学会思考的目的是想到一个"好念头"。这个"好念头"本质上就是找到解法关键之处。问题解决时教师不要立即吐露全部秘密，而是要让学生在教师说出来之前先去猜，尽量让他们自己通过思考找到解法和思路。这是学习如何思考的有效方法。学会思考是培养问题解决能力的关键，也是培养问题解决能力的有力措施。

### 5.1.3 能力边缘的训练才能提高问题解决能力

问题解决能力的培养必须要经过适当的训练。这是因为问题解决能力是一种实践性的能力，必须通过实践才能获得。训练是获取数学实践经验的必由之路。资优生的教育并非仅仅追求超前学习数学知识，而应该考虑学生的实际学习情况。如果对书本中的内容并不熟练，就不应继续学习后续内容。因为这很容易造成"夹生饭"，严重影响未来课程的学习。相反，如果对书本中的内容已经掌握得非常好了，就不要再反复地进行题海训练，甚至为了分数不断地刷题。相反，资优生应该继续学习新的内容，努力向科学的前沿进军，并尽快走到学术的前沿，探索有价值的学术问题。

能力边缘的训练才能提高问题解决能力。能力边缘的训练有助于巩固和提高薄弱地带的问题解决能力。这样的训练是有效的训练，真正有助于问题解决能力进一步的提高。一般来说，资优生解决常规数学问题的能力足够熟练，再进行反复的训练已经难以促进他们的成长。因为这些训练都在其能力之内,是无效的训练。相反,过度的这种训练很有可能伤害资优生的数学热情和兴趣,使其产生厌倦心理,严重的甚至阻碍数学资优生的进一步成长。事实上,在数学历史上数学家大多在年轻的时候已经作出杰出贡献。杰出的人才都不是止步于课堂所教授的内容,而是靠自学自研,拥有强烈的研究兴趣和强大的独立学习能力。

## 5.2 | 问题解决能力的培养

问题解决能力是中学数学教育关注的核心话题。著名数学家和数学教育家波利亚认为:"中学数学首要的任务就是提高学生的数学解题能力。"在中考和高考中,解题能力更是受到了学校、教师、家长以及学生的高度重视。问题解决能力的培养需要学生掌握必要的知识、学会如何思考以及接受有效的训练。事实上,非常规数学问题和应用数学问题的解决需要更多的是创新能力而非学习能力。资优生问题解决能力的培养需要尽早尽快从学习能力走向创新能力。

### 5.2.1 善于观察,发现题目的特征

观察指的是认真细致地看。观察的目的是找到题目的特征,甚至细微的特征,并根据这些特征探索问题解决的思路和方法。在数学及科学的发展历史中,观察起着重要的作用。数学家陈省身曾经说过:观察是科学研究的起点,也是终点。没有观察,就没有科学,也没有真理。这些言论说明科学研究离不开观察,观察在科学研究中占有重要地位。数学问题解决也不例外。观察数学问题,发现题目的特征是找到解题思路的必经之路,也是培养问题解决能力的有效方法。

**例 5-1** 求下面方程的解。

$$(4+\sqrt{15})^m + (4-\sqrt{15})^m = 62。$$

**分析** 这是一个指数方程,左侧的两个幂中都含有指数 $m$,但底数却不相同,所以无法合并,可见要直接求出 $m$ 的值不容易。但是我们认真观察可以发现,这两个幂的底数一个是 $4+\sqrt{15}$,另一个是 $4-\sqrt{15}$,只相差一个符号。简单心算可以发现这两个底数的乘积恰好等于 $1$。这是一个非常重要的发现,因为乘积为 $1$ 意味着这两个底数互为倒数,那么它们的幂同样也互为倒数。换句话说,我们可以通过换元法来处理。于是,通过观察就找到了问题的关键特征。

**解答** 令 $t=(4+\sqrt{15})^m$,则 $(4-\sqrt{15})^m=\dfrac{1}{t}$,于是原方程转化为

$$t+\frac{1}{t}=62。$$

去分母并移项可得 $t^2-62t+1=0$,解得

$$t_1=31+8\sqrt{15}，t_2=31-8\sqrt{15}。$$

(1) 若 $(4+\sqrt{15})^m=31+8\sqrt{15}$,由 $31+8\sqrt{15}=(4+\sqrt{15})^2$,则 $m=2$;

(2) 若 $(4+\sqrt{15})^m=31-8\sqrt{15}$,由 $31-8\sqrt{15}=(4+\sqrt{15})^{-2}$,则 $m=-2$。

综上可知,$m=\pm 2$。

**例 5-2** 已知 $m=\sqrt{7-4\sqrt{3}}$,求下面式子的值。

$$\frac{2m^3-8m^2+m}{m^2-4m+15}。$$

**分析** 观察这个式子,我们可以发现 $m$ 的值较为复杂,它是一个双重根号,似乎可以化简一下。而要求值的式子也比较复杂,分子是三次多项式,分母为二次多项式。如果我们能够把分子分母化简一下,就能够更加简便地求值。

**解答** 因为 $7-4\sqrt{3}=4-4\sqrt{3}+3=(2-\sqrt{3})^2$，所以

$$m=\sqrt{7-4\sqrt{3}}=2-\sqrt{3}。$$

于是 $\sqrt{3}=2-m$，平方可得 $3=(2-m)^2$，化简得 $m^2-4m+1=0$，即

$$m^2-4m=-1，$$

从而

$$\frac{2m^3-8m^2+m}{m^2-4m+15}=\frac{2m(m^2-4m)+m}{m^2-4m+15}=\frac{2m(-1)+m}{-1+15}=-\frac{m}{14}，$$

故

$$\frac{2m^3-8m^2+m}{m^2-4m+15}=\frac{\sqrt{3}-2}{14}。$$

**例 5-3** 如图 5-1 所示，在 $\triangle ABF$ 中，$AC\perp BF$，垂足为点 $C$，$AC=BC$，点 $D$ 在边 $AC$ 上。联结 $BD$ 并延长交 $AF$ 于点 $E$。

(1)如果 $CF=CD$，求证：$BE\perp AF$；(2)如果 $BE\perp AF$，求证：$CF=CD$。

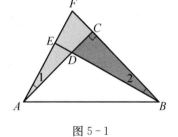

图 5-1

**分析** 要证明 $BE\perp AF$，只需证明 $\angle FEB$ 为直角，也就是等价于证明 $\angle 2$ 与 $\angle F$ 互余。显然 $\angle 1$ 与 $\angle F$ 互余，故只需证明 $\angle 1=\angle 2$。 而这是容易通过证明三角形全等得到的。

**解答** (1) 因为 $AC\perp BF$，所以 $\angle FCA=\angle DCB=90°$。

在 $\triangle FCA$ 与 $\triangle DCB$ 中，$CF=CD$，$\angle FCA=\angle DCB$，$AC=BC$，所以 $\triangle FCA\cong\triangle DCB$，于是可得 $\angle 1=\angle 2$。

在 $\triangle FCA$ 中，$\angle F+\angle FCA+\angle 1=180°$。

在 $\triangle FEB$ 中，$\angle F+\angle FEB+\angle 2=180°$。

所以 $\angle F + \angle FCA + \angle 1 = \angle F + \angle FEB + \angle 2$。

因此 $\angle FCA = \angle FEB = 90°$。故 $BE \perp AF$。

（2）如图 5-2，因为 $AC \perp BF$，$BE \perp AF$，

所以 $\angle FCA = \angle DCB = \angle FEB = 90°$。

因此 $\angle F + \angle 1 = 90°$，$\angle F + \angle 2 = 90°$。所以 $\angle 1 = \angle 2$。

在 $\triangle FCA$ 与 $\triangle DCB$ 中，$\angle FCA = \angle DCB$，$AC = BC$，$\angle 1 = \angle 2$，所以 $\triangle FCA \cong \triangle DCB$。故所以 $CF = CD$。

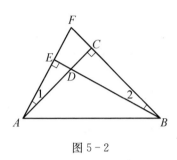

图 5-2

**例 5-4** 解方程 $(x^2 - x - 3)^2 = x^3 + 17$。

**分析** 观察这个方程，如果直接去括号，展开就会得到一个四次方程，求解将会非常复杂。我们可以使用试根法找到这个方程的一个根，然后再尝试进行因式分解，进而求出方程所有的根。首先，对 $0$，$\pm 1$，$\pm 2$，$\pm 3$，$\cdots$ 依次进行验根，可以发现，$x = -2$ 为方程的一个根，从而"$x + 2$"就是相应代数式的一个因子，我们可以凑配出含有"$x + 2$"的项，进而对方程进行因式分解。

**解答** 方程两端同时减去 9 可得 $(x^2 - x - 3)^2 - 9 = x^3 + 8$，变形可得

$$(x^2 - x - 3)^2 - 3^2 = x^3 + 2^3。$$

上式左右两端因式分解得

$$(x^2 - x - 6)(x^2 - x) = (x + 2)(x^2 - 2x + 4)，$$

左侧进一步因式分解可得

$$(x + 2)(x - 3)(x^2 - x) = (x + 2)(x^2 - 2x + 4)，$$

移项并提取公因式可得

$$(x + 2)[(x - 3)(x^2 - x) - (x^2 - 2x + 4)] = 0，$$

化简得

$$(x+2)(x^3-5x^2+5x-4)=0,$$

进一步因式分解可得

$$(x+2)(x-4)(x^2-x+1)=0。$$

方程 $x^2-x+1=0$，$\Delta=1-4=-3<0$，所以无实数解。

故原方程仅有两个实根，分别为 $x=-2$ 或 $x=4$。

**例 5-5** （印度初中数学竞赛题）已知 $a$、$b$、$c$ 是方程 $x^3+3x^2+1=24x$ 的根，求 $\sqrt[3]{a}+\sqrt[3]{b}+\sqrt[3]{c}$。

**分析** 已知条件告诉我们 $a$、$b$、$c$ 是一个三次方程的三个根，但要求的结论却是关于 $a$、$b$、$c$ 的开三次方根的和。那么如何由 $a$、$b$、$c$ 得到 $\sqrt[3]{a}$、$\sqrt[3]{b}$、$\sqrt[3]{c}$ 就非常关键了。很明显要得到三次方根就必须要开三次方。因此，我们必须构造一个三次方的幂。观察这个三次方程可以发现左侧似乎有一定的规律，好像在哪里见到过。事实上，如果能够联想到和的立方公式：$(x+1)^3=x^3+3x^2+3x+1$，那么问题解决的突破口就找到了。

**解答** 由已知 $x^3+3x^2+1=24x$，因为 $(x+1)^3=x^3+3x^2+3x+1$，所以 $(x+1)^3=27x$。

对上述方程开三次方可得 $x+1=\sqrt[3]{27x}$，即 $x=3\sqrt[3]{x}-1$。

又因为 $a$、$b$、$c$ 是方程 $x^3+3x^2+1=24x$ 的根，所以 $a+b+c=-3$，且

$$a=3\sqrt[3]{a}-1,$$
$$b=3\sqrt[3]{b}-1,$$
$$c=3\sqrt[3]{c}-1,$$

从而

$$\sqrt[3]{a}+\sqrt[3]{b}+\sqrt[3]{c}=\frac{1}{3}(a+b+c+3)$$

$$=\frac{1}{3}(-3+3)=0,$$

即 $\sqrt[3]{a} + \sqrt[3]{b} + \sqrt[3]{c} = 0$。

**例 5 - 6** 已知 $x^3 + y^3 + 3xy = 1$，求 $x + y$ 的值。

**分析** 观察这个等式可以发现等式左侧出现了 $x^3 + y^3$，而要求值的式子中出现了 $x + y$，这意味着我们必须把这两个式子联系起来。细想一下，马上就会联想到立方和公式：$x^3 + y^3 = (x+y)(x^2 - xy + y^2)$，于是我们可以沿着这条思路进行探索。如果联想到完全立方公式也是可以的，也可以进行尝试。

**解答** 设 $a = x + y$，$b = xy$，于是 $x^3 + y^3 + 3xy = 1$ 等价于

$$a^3 - 3ab + 3b - 1 = 0,$$

因式分解得

$$(a-1)(a^2 + a + 1 - 3b) = 0,$$

所以 $a - 1$ 或 $a^2 + a + 1 - 3b = 0$。

(1) 当 $a = 1$ 时，$x + y = 1$；

(2) 当 $a^2 + a + 1 - 3b = 0$ 时，代入 $a = x + y$，$b = xy$ 得

$$(x+y)^2 + x + y + 1 - 3xy = 0,$$

化简得

$$x^2 + y^2 + x + y + 1 - xy = 0,$$

配方得

$$(x+1)^2 + (y+1)^2 + (x-y)^2 = 0。$$

解得 $x = y = -1$，于是 $x + y = -2$。

综上可知，$x + y = 1$ 或 $x + y = -2$。

**例 5 - 7** 已知 $a_0 = -2$，$b_0 = 1$，且 $\begin{cases} a_{n+1} = a_n + b_n + \sqrt{a_n^2 + b_n^2}, \\ b_{n+1} = a_n + b_n - \sqrt{a_n^2 + b_n^2}, \end{cases}$ 求

$a_{2019}$ 的值。

**分析** 观察这两个递推关系可以发现,数列 $\{a_n\}$ 和 $\{b_n\}$ 非常类似,特别是递推关系的左侧都含有 "$a_n + b_n$",第一个递推关系左侧其余部分是 "$+\sqrt{a_n^2 + b_n^2}$",而第二个递推关系左侧其余部分则是 "$-\sqrt{a_n^2 + b_n^2}$"。 可见,这两个递推关系左侧只有一个符号的差异。这促使我们想到把两个式子相加或相乘,从而都可以去掉根号,不妨据此探索问题解决的思路。

**解答** 因为 $a_{n+1} = a_n + b_n + \sqrt{a_n^2 + b_n^2}$,$b_{n+1} = a_n + b_n - \sqrt{a_n^2 + b_n^2}$,两式相加可得

$$a_{n+1} + b_{n+1} = 2(a_n + b_n)。$$

又因为 $a_0 + b_0 = -2 + 1 = -1$,所以 $a_1 + b_1 = 2(a_0 + b_0) = -2$。故数列 $\{a_n + b_n\}$ 是以 $-2$ 为首项、2 为公比的等比数列,于是

$$a_n + b_n = -2^n,$$

此时,$a_{2019} + b_{2019} = -2^{2019}$。

两式相乘可得 $a_{n+1}b_{n+1} = 2a_n b_n$。

因为 $a_0 b_0 = -2 \times 1 = -2$,所以 $a_1 b_1 = 2a_0 b_0 = -4$。 故数列 $\{a_n b_n\}$ 是以 $-4$ 为首项、2 为公比的等比数列,于是

$$a_n b_n = -2^{n+1},$$

此时,$a_{2019}b_{2019} = -2^{2020}$。

观察可以发现,$a_{2019}$ 和 $b_{2019}$ 恰好为一元二次方程 $x^2 + 2^{2019}x - 2^{2020} = 0$ 的两个根。又因为 $a_{2019} > b_{2019}$,所以

$$a_{2019} = 2^{1010}\sqrt{2^{2016} + 1} - 2^{2018}。$$

**评论** 这道题目只要求求出 $a_{2019}$ 的值,其实 $b_{2019}$ 的值也是可以求出来的。事实上,本题中的 2019 是一个特殊的数字,是一个年份,我们完全可以把它推广到一般的情况。有兴趣的读者可以去尝试一下。

### 5.2.2 善于归纳,总结共同的规律

归纳是从一类事物的部分对象具有某一属性,而作出该类事物都具有这一属性的一般结论的推理方法。它是从个别到一般的推理方法。虽然归纳法是一种合情推理方法,但是绝对不能忽视它的数学价值。物理学家杨振宁也曾说过:人类认识世界的过程,就是通过对事物的观察、实验、理论推导和验证,不断深入和发展,从而达到对事物的更深、更全面、更准确的认识。事实上,数学方法的产生,数学结论的形成,无不依赖于归纳。历史上许多数学发现都是通过对大量数学事实进行观察,然后归纳得出的。可见对于数学发现与创新而言,归纳法的作用是巨大的。因为面对一个一般的问题,通常很难完全考察它每一个特性,但是可以通过对具体对象的分析,归纳总结可能存在的共同规律,而这个共同的规律或许就是问题解决的关键。因此,训练和提高通过归纳总结共同规律的能力,就成为培养数学资优生问题解决能力的重要途径。

**例 5-8** 证明:如果正整数 $N$ 的正因数的个数是奇数,那么 $N$ 是完全平方数。

**分析** 这是一个数论问题,题目中的条件非常简单。为了找到问题解决的思路,我们需要深入理解问题的条件,发现问题中隐藏着的特征和规律。不妨从简单的数字开始,通过分析、总结条件中隐藏的规律,探寻解题的思路。

**解答** 从简单的数字开始计算,寻找规律。

表 5-1 正整数 $N$ 及其正因数的情况

| $N$ | $N$ 的正因数 | 正因数的个数 | 是否为完全平方数 |
|---|---|---|---|
| 1 | 1 | 1 | √ |
| 2 | 1, 2 | 2 | × |
| 3 | 1, 3 | 2 | × |
| 4 | 1, 2, 4 | 3 | √ |

| N | N 的正因数 | 正因数的个数 | 是否为完全平方数 |
|---|---|---|---|
| 5 | 1，5 | 2 | × |
| 6 | 1，2，3，6 | 4 | × |
| 7 | 1，7 | 2 | × |
| 8 | 1，2，4，8 | 4 | × |
| 9 | 1，3，9 | 3 | √ |
| 10 | 1，2，5，10 | 4 | × |
| 11 | 1，11 | 2 | × |
| 12 | 1，2，3，4，6，12 | 6 | × |
| 13 | 1，13 | 2 | × |
| 14 | 1，2，7，14 | 4 | × |
| 15 | 1，3，5，15 | 4 | × |
| 16 | 1，2，4，8，16 | 5 | √ |
| 17 | 1，17 | 2 | × |
| ... | ... | ... | ... |

　　观察表 5-1 可以发现，完全平方数只有 1、4、9、16，它们的正因数的个数都是奇数。非完全平方数的数量较多，但它们的正因数个数都是偶数。进一步观察还可以发现，非完全平方数的正因数都是成对出现的，并且距首末两端等距离的两个正因数的积等于 N。例如，$8=1\times8=2\times4$，$12=1\times12=2\times6=3\times4$。而完全平方数除了成对出现的正因数外还有一个非常特殊的正因数，这个正因数恰好等于完全平方数的算数平方根。例如，$3=\sqrt{9}$，$4=\sqrt{16}$。这个规律揭示了完全平方数与非完全平方数的本质特征。据此，我们可以给出一个一般的证明。

　　设 $a_i$ 为正整数 N 的一个正因数，于是 $\dfrac{N}{a_i}$ 也是正整数 N 的一个正因数。如果 $a_i=\sqrt{N}$，则 $N=a_i^2$，于是 N 为完全平方数，结论得证。如果 $a_i\neq\sqrt{N}$，则必定存在一个对应的正因数 $\dfrac{N}{a_i}$，使得 $a_i\cdot\dfrac{N}{a_i}=N$。又因为 N 的正因数的个

数为奇数,于是剩下的那一个正因数,不妨设为 $a_j$,则 $a_j = \sqrt{N}$,于是 $N = a_j^2$,这表明此时 $N$ 也是完全平方数。

综上可知,只要正整数 $N$ 的正因数的个数是奇数,那么 $N$ 必是完全平方数。

**例 5-9** 设 $f(x) = x^2 + 12x + 30$,解方程 $f(f(f(f(f(x))))) = 0$。

**分析** 初看起来方程的结构非常复杂,它是一个多重复合函数的求根问题。如果我们把 $f(x)$ 直接代入计算那将是不可想象的,因为将会出现 $x$ 的 32 次幂,仅仅运算量就会难倒所有人,我们必须寻找更加简洁的解题方法。观察已知条件的特征,可以发现 $f(x)$ 是一个二次三项式,似乎可以配方。不妨从简单的复合开始寻找所求方程的特征。

**解答** 由已知,配方可得 $f(x) = x^2 + 12x + 30 = (x+6)^2 - 6$。

观察可以发现 $f(-6) = -6$,这表明 $-6$ 是函数 $f(x)$ 的不动点。所以,

$$f(f(x)) = (x+6)^4 - 6,$$
$$f(f(f(x))) = (x+6)^8 - 6,$$
$$f(f(f(f(x)))) = (x+6)^{16} - 6,$$
$$f(f(f(f(f(x))))) = (x+6)^{32} - 6。$$

故所求的方程为 $(x+6)^{32} - 6 = 0$。解这个方程,得 $x = \pm\sqrt[32]{6} - 6$。

**评论** 这个是一个由复合函数引出的解方程问题。看起来问题似乎非常复杂,因为这是一个高达 32 次的高次方程,其解答必定不会轻松。通过归纳,我们使用配方法找到了潜藏的规律,从而解决了问题。下列问题与之类似。

**例 5-10** 设 $f(x) = x^2 - 12x + 42$,求方程 $f(f(f(f(f(x))))) = 6$ 的实数根。

**解答** 由已知,配方得 $f(x) = x^2 - 12x + 42 = (x-6)^2 + 6$。

观察可以发现,$f(6) = 6$,这表明 $6$ 是函数 $f(x)$ 的不动点。所以,

$$f(f(x)) = (x-6)^4 + 6,$$
$$f(f(f(x))) = (x-6)^8 + 6,$$

$$f(f(f(f(x)))) = (x-6)^{16} + 6,$$

$$f(f(f(f(f(x))))) = (x-6)^{32} + 6,$$

故所求的方程为 $(x-6)^{32} + 6 = 6$。这个方程只有一个根 $x = 6$。

所以,原方程有唯一的根 $x = 6$。

**评论** 本题解答过程中使用配方法对 $f(x)$ 进行了恰当变形,使得关于 $f(x)$ 的四重复合函数得以化简,从而大大较少了运算量。这是因为 6 是函数 $f(x)$ 的不动点,只要抓住了这个特征就找到了复合函数的规律。事实上,这个函数可以进行任意次数的复合,方程都只有唯一的根。解题过程中要努力抓住问题的本质,不要被问题的外表所迷惑,抓住了本质就能化繁为简,化腐朽为神奇。

**例 5-11** 已知数列 $\{a_n\}$,$a_1 = 3$,$a_2 = 7$,当 $n \geqslant 2$ 时,$a_{n+1} = n^2 + 3\sqrt{\dfrac{3a_n - a_{n-1}}{2}}$,求数列 $\{a_n\}$ 的通项公式。

**分析** 本题要求求出数列 $\{a_n\}$ 的通项公式。观察可以发现,这个数列的递推关系相当复杂,数列 $\{a_n\}$ 的通项公式似乎不太好求。这时一个较为容易想到的方法是通过计算数列的前几项,归纳其中的规律,进而寻找问题解决的思路。

$n = 3$ 时,$a_3 = 2^2 + 3\sqrt{\dfrac{3 \times a_2 - a_1}{2}} = 2^2 + 3 \times \sqrt{\dfrac{3 \times 7 - 3}{2}} = 13$,即

$$a_3 = 2^2 + 3 \times 3;$$

$n = 4$ 时,$a_4 = 3^2 + 3\sqrt{\dfrac{3 \times a_3 - a_2}{2}} = 3^2 + 3 \times \sqrt{\dfrac{3 \times 13 - 7}{2}} = 21$,即

$$a_4 = 3^2 + 3 \times 4;$$

观察 $a_3$ 和 $a_4$ 可以发现,数列 $\{a_n\}$ 出现了非常明显的规律。那么 $a_1$ 和 $a_2$ 是否也满足上述规律呢?

计算可知,$n = 1$ 时,$a_1 = 3 = 0^2 + 3 \times 1$;$n = 2$ 时,$a_2 = 7 = 1^2 + 3 \times 2$。

真是太奇妙了！数列 $\{a_n\}$ 中，$a_1$、$a_2$、$a_3$、$a_4$ 都符合同样的规律。这样我们就通过归纳找到了问题中的规律。据此可以大胆提出如下猜测。

在数列 $\{a_n\}$ 中，$a_1=3$，$a_2=7$，当 $n \geqslant 2$ 时，$a_{n+1}=n^2+3\sqrt{\dfrac{3a_n-a_{n-1}}{2}}$，则对任意的正整数 $n$，$a_n=(n-1)^2+3n$。

**证明** （第二数学归纳法）

$n=1$ 时，$a_1=3=0^2+3\times 1$，满足条件。

$n=2$ 时，$a_2=7=1^2+3\times 2$，也满足条件。

假设 $n=k-1$ 时，$a_{k-1}=(k-2)^2+3(k-1)$；$n=k$ 时，$a_k=(k-1)^2+3k$，则

$$
\begin{aligned}
a_{k+1} &= k^2+3\sqrt{\frac{3a_k-a_{k-1}}{2}} \\
&= k^2+3\sqrt{\frac{3(k-1)^2+9k-(k-2)^2-3(k-1)}{2}} \\
&= k^2+3\sqrt{k^2+2k+1} \\
&= k^2+3(k+1)。
\end{aligned}
$$

即 $n=k+1$ 时，结论也成立。

于是，由第二数学归纳法可知，对任意的正整数 $n$，均有 $a_n=(n-1)^2+3n$。

### 5.2.3 善于类比，寻找问题的相似性

类比是根据两种事物在某些特征上的相似，作出它们在其他特征上也可能相似的结论，是一种合情推理的方法。钱学森也曾说过：类比是科学研究的重要工具之一。通过类比，我们可以从一个领域的知识和经验中悟出其他领域的规律和原理，从而推广和应用到更广阔的领域中去。但是，类比也需要谨慎使用，必须要有充分的理论基础和实验数据作为支撑。他还指出：在科学研

究中,创新思维和批判思维同样重要。只有通过深入的思考、精准的实验和严谨的分析,才能得出真正有意义的科学成果。这说明类比是数学发现和创新的重要方法。数学问题解决教学中有必要教育学生学会类比。这是培养数学资优生创新能力的必然要求。中学数学的知识点是有限的,但数学试题是无限的,更是永远也做不完的,这意味着题海战术不一定能够提高学生的问题解决能力,甚至过度的题海训练还有可能造成学生失去对数学的新鲜感,丧失数学学习兴趣,甚至导致厌学。如果我们能够分门别类针对每一个知识点给学生提供一批高质量的数学练习题,促使学生学会类比,进而通过学习一个问题达到能够解决一类问题,从而做到触类旁通,甚至举一反三,就能够帮助学生更好地掌握学习方法,提高问题解决能力。

**例 5-12** $n$ 条直线最多可以将平面分成多少个部分?

**分析** 对于这个问题,我们不妨从简单的试验开始,尝试对平面进行分割。毫无疑问,一条直线能够把平面分成两个部分。如果两条直线平行则能够把平面分成三个部分,如果两条直线不平行则可以把平面分成四个部分。为了把平面分成尽可能多的部分,就要求任意两条直线都不平行,也就是任意两条直线都相交,并且任意三条直线都不共点。因为三线共点仍然会减少平面分割的数量。因此,要使这 $n$ 条直线将平面分成尽可能多的部分就需要:任意两条直线都不平行,且任意三条直线都不共点。根据这个要求,我们就可以从少到多开始探索 $n$ 条直线分割平面的数量。

**解答** 不妨设 $n$ 条直线最多可以将平面分成 $a_n$ 个部分。试验可以发现,$a_1 = 2$, $a_2 = 4$, $a_3 = 7$, $a_4 = 11$,如图 5-3 所示。

观察可知,$a_2$ 就是在 $a_1$ 的基础上增加了 2,$a_3$ 则是在 $a_2$ 的基础上增加了 3,$a_4$ 又在 $a_3$ 的基础上增加了 4,也就是 $a_2 = a_1 + 2$, $a_3 = a_2 + 3$, $a_4 = a_3 + 4$,这里面的规律是较为清晰的,从而可以归纳得到 $a_n = a_{n-1} + n$。

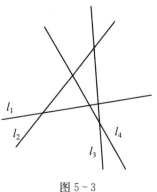

图 5-3

下面我们证明上述规律的正确性。

根据对最多分割条件的分析，第 $n$ 条直线与前面的 $n-1$ 条直线都相交，于是就产生了 $n-1$ 个交点。这 $n-1$ 个交点可以把第 $n$ 条直线分成 $n$ 段，每一段都对应着一个新的增加的部分，这意味着 $a_n$ 在 $a_{n-1}$ 的基础上一共增加了 $n$ 个部分，即 $a_n = a_{n-1} + n$，从而结论得证。

下面我们求出 $a_n$ 的通项公式：

$$
\begin{aligned}
a_n &= a_{n-1} + n = a_{n-2} + n - 1 + n \\
&= a_{n-3} + n - 2 + n - 1 + n \\
&= a_1 + 2 + 3 + \cdots + n - 2 + n - 1 + n \\
&= 2 + 2 + 3 + \cdots + n - 2 + n - 1 + n \\
&= \frac{1}{2}(n^2 + n + 2),
\end{aligned}
$$

即

$$
a_n = \frac{1}{2}(n^2 + n + 2)。
$$

所以，$n$ 条直线最多可以将平面分成 $\frac{1}{2}(n^2 + n + 2)$ 个部分。

**例 5-13** 空间中的 $n$ 个平面最多可以将空间分成多少个部分？

**分析** 这个问题似乎在哪里见过。事实上，如果能够联想到曾经解答过的一个平面最多分割问题，那么就能帮助我们探索问题解决的思路。因为这个问题与平面最多分割问题的条件和问题几乎一模一样，只不过一个是分割平面，另一个是分割空间。因此，我们可以尝试通过类比寻找本题的解题思路。

解决平面最多分割问题时，我们首先确定了满足最多分割的条件。类似地，我们也需要探索空间最多分割时需要满足的条件。平面最多分割需要满足：任意两条直线都不平行，任意三条直线都不共点。类比可知，空间最多分割需要满足：任意两个平面都不平行，任意三个平面都不共点。同时，还要再加上一条,这 $n$ 个平面的交线中任意两条都不平行。这样才能确保空间分割的部分最多。

由于一般的情况较为复杂,我们仍然从简单的情况开始探索。

**解答** 不妨设 $n$ 个平面最多可以将空间分成 $a_n$ 个部分。试验可以发现,$a_1 = 2$,$a_2 = 4$,$a_3 = 8$。

随着平面数量的增加,问题越来越复杂,$a_4$ 就已经很不容易直接确定,但 $a_n$ 总是在 $a_{n-1}$ 的基础上增加一部分空间。于是,可以类比平面最多分割问题的解题思路,探寻空间最多分割时 $a_n$ 增加的规律。

解决平面最多分割问题的思路是通过分析第 $n$ 条直线与前面的 $n-1$ 条直线交点的数量,确定这些交点把第 $n$ 条直线分割为了 $n$ 条线段或射线,而每条线段或射线则对应着一个新增的平面部分。类比可知,第 $n$ 个平面与前面的 $n-1$ 个平面都相交,一共有 $n-1$ 条交线,这些交线任意三条不共点,任意两条不平行。不妨设第 $n$ 个平面被这 $n-1$ 条交线分割成 $b_{n-1}$ 个平面区域,而这 $b_{n-1}$ 个平面区域都把它所在的空间分成了两个较小的空间,这意味着添加第 $n$ 个平面后原有的空间数增加了 $b_{n-1}$ 个。由此,我们可以得到 $a_n$ 和 $a_{n-1}$ 的递推关系:

$$a_n = a_{n-1} + b_{n-1}。$$

根据平面最多分割问题可知 $b_n = \dfrac{1}{2}(n^2 + n + 2)$,于是

$$b_{n-1} = \dfrac{(n-1)^2 + n + 1}{2}。$$

下面我们求出 $a_n$ 的通项公式:

$$
\begin{aligned}
a_n &= a_{n-1} + b_{n-1} \\
&= a_{n-2} + b_{n-2} + b_{n-1} \\
&= a_1 + b_1 + b_2 + \cdots + b_{n-2} + b_{n-1} \\
&= 2 + \sum_{i=1}^{n-1} b_i。
\end{aligned}
$$

又因为

$$\sum_{i=1}^{n-1} b_i = \frac{1}{2}\left[1^2 + 2^2 + \cdots + (n-1)^2 + (2+3+\cdots+n) + n - 1\right]$$

$$= \frac{1}{2}\left[\frac{1}{6}(n-1)n(2n-1) + \frac{1}{2}(n+2)(n-1) + n - 1\right]$$

$$= \frac{1}{6}(n^3 + 5n - 6),$$

所以

$$a_n = \frac{1}{6}(n^3 + 5n + 6)。$$

综上可知，$n$ 个平面最多可以将空间分成 $\frac{1}{6}(n^3 + 5n + 6)$ 个部分。

**例 5-14** 已知平面上有 100 个圆，其中每两个圆都交于两点，且任意三个圆都不相交于同一点，问：这些圆可以把平面分成多少个部分？

**分析** 显然，问题中的 100 是一个随意的数字，我们不妨把问题推进到一般的情形。设平面上有 $n$ 个圆，满足任意两个圆都交于两点，且任意三个圆都不相交于同一点，探讨这 $n$ 个圆对平面的分割问题。这个问题其实并不陌生。如果能够联想到 $n$ 条直线对平面的分割问题，那么就可以借助类比的思想解决这个问题。我们不妨先探讨一下增加第 $n$ 个圆后平面数量的增加情况。

**解答** 设这 $n$ 个圆把平面分割成了 $a_n$ 个部分，易知 $a_1 = 2$。

假设平面上已经有 $n-1$ 个圆，那么第 $n$ 个圆与原有的 $n-1$ 个圆必有 $2(n-1)$ 个交点，这意味着第 $n$ 个圆被这些交点分成了 $2(n-1)$ 段圆弧。于是增加第 $n$ 个圆后，平面分割的数量就增加了 $2(n-1)$ 个。据此，可以得到如下递推关系：

$$a_n = a_{n-1} + 2(n-1)。$$

叠加可得

$$a_n = a_{n-1} + 2(n-1) = a_{n-2} + 2(n-2) + 2(n-1)$$

$$\cdots\cdots$$

$$= a_1 + 2 \times 1 + 2 \times 2 + 2 \times 3 + \cdots + 2(n-1)$$

$$= 2 + n(n-1)$$

$$= n^2 - n + 2,$$

即

$$a_n = n^2 - n + 2。$$

令 $n = 100$，即得 $a_{100} = 100^2 - 100 + 2 = 9902$。

**评论** 本题通过类比 $n$ 条直线对平面的分割，探讨了 $n$ 个圆对平面的分割问题。问题具有较好的趣味性，也有一定的挑战性，是一个适合激发数学资优生探究热情的好问题。事实上，我们可以把这个问题继续推广到空间，即探讨 $n$ 个球对空间的最多分割问题。

**例 5-15** 空间中的 $n$ 个球最多可以将空间分成多少个部分？

**分析** 前面我们探讨了 $n$ 条直线对平面的最多分割问题、$n$ 个平面对空间的最多分割问题以及 $n$ 个圆对平面的最多分割问题，本题我们继续探讨 $n$ 个球对空间的最多分割问题。使用类比的思想，通过类比 $n$ 个平面对空间的分割进行探究。不妨还从增加第 $n$ 个球后空间数量的增加情况开始讨论。

**解答** 设 $n$ 个球把空间最多分割成 $a_n$ 个部分，易知 $a_1 = 2$，$a_2 = 4$。

在 $n$ 个平面对空间的最多分割问题中，我们知道第 $n$ 个平面被 $n-1$ 条交线分割成 $b_{n-1}$ 个平面区域，而这 $b_{n-1}$ 个平面区域都把它所在的空间分成了两个较小的空间，这意味着添加第 $n$ 个平面后原有的空间数增加了 $b_{n-1}$ 个。由此，得到递推关系 $a_n = a_{n-1} + b_{n-1}$，其中 $b_n = \dfrac{n^2 + n + 2}{2}$，为 $n$ 条直线对平面的最多分割数量。

类比可知，增加第 $n$ 个球后，第 $n$ 个球被 $n-1$ 个圆分割成 $b_{n-1}$ 个空间区域，而这 $b_{n-1}$ 个空间区域都把它所在的空间分成了两个较小的空间。这意味

着添加第 $n$ 个球后原有的空间数增加 $b_{n-1}$ 个,其中 $b_n = n^2 - n + 2$,为 $n$ 个圆对平面的最多分割数量。于是,就得到了 $n$ 个球对空间最多分割的递推关系

$$a_n = a_{n-1} + b_{n-1} = a_{n-1} + (n-1)^2 - n + 3,$$

即

$$a_n = a_{n-1} + (n-1)^2 - n + 3。$$

下面我们求出 $a_n$ 的通项公式:

$$a_n = a_{n-1} + (n-1)^2 - n + 3,$$
$$a_{n-1} = a_{n-2} + (n-2)^2 - (n-1) + 3,$$
$$\cdots\cdots$$
$$a_3 = a_2 + (3-1)^2 - 3 + 3,$$
$$a_2 = a_1 + (2-1)^2 - 2 + 3。$$

左右叠加可得

$$a_n = a_1 + \sum_{i=1}^{n-1} i^2 - \sum_{i=1}^{n-1} (i+1) + 3(n-1)$$

$$= 2 + \frac{1}{6}(n-1)n(2n-1) - \frac{1}{2}(n+2)(n-1) + 3(n-1)$$

$$= \frac{1}{3}(n^3 - 3n^2 + 8n),$$

即

$$a_n = \frac{1}{3}(n^3 - 3n^2 + 8n)。$$

所以,$n$ 个球最多可以将空间分成 $\frac{1}{3}(n^3 - 3n^2 + 8n)$ 个部分。

### 5.2.4 善于猜测,提出解题的突破口

猜测亦称科学的洞察力,是指在已有的知识和资料的前提下,运用发散性

思维,通过分析、归纳、联想、类比等方法,猜测所研究课题的结论以及确保该结论成立所需的条件。生物学家林奇则说过:科学家需要勇于尝试新的想法和假设,有时候必须摒弃既有的观念和传统思维,才能够取得重大的突破。他的话强调了科学研究中要勇于提出并尝试新的假设和猜想,通过创新和想象力来推动科学的发展。实际上,在问题解决过程中,猜测是一种非常重要的思维方式,其思路可总结为先猜后证。这种方法通过先猜测问题解决的关键步骤,找到问题解决的突破口,再通过证明来解决问题。猜测在许多问题解决中发挥着关键的作用,因此,培养先猜后证的意识,有利于提高问题解决的能力。波利亚甚至呼吁所有数学教师:"让我们教猜想吧!"

**例 5‑16** 证明:具有下列形式的数是完全平方数。

$$N = \underbrace{11\cdots1}_{n-1}\underbrace{22\cdots2}_{n}5$$

**分析** 观察这个数,可以发现它是一个 $2n$ 位数。其中,个位数字是 5,接下来的 $n$ 位数字都是 2,剩下的所有位置都是 1,一共 $n-1$ 个 1。要证明 $N$ 是完全平方数,最好的办法就是把它表示为某个数的平方。那么这个数有什么特征呢? 为了方便探索这个数的特征,我们不妨从简单的数字开始,对 $n$ 赋值,通过计算来探索问题解决的思路。

**解答** 从简单的计算开始:

$n=1$ 时,$N=25=5^2$;

$n=2$ 时,$N=1225=35^2$;

$n=3$ 时,$N=112\,225=335^2$。

观察可以发现,$n=1,2,3$ 时,$N$ 都是完全平方数。再仔细观察这些完全平方数,还可以发现所有的完全平方数个位数字都是 5,其他数字似乎都是 3,并且 3 的个数似乎与 $n$ 密切相关。比如,$n=1$ 时,有 0 个 3;$n=2$ 时,有 1 个 3;$n=3$ 时,有 2 个 3。换句话说,3 的个数为 $n-1$。据此,我们可以大胆猜测 $n=4$ 时,$N=3335^2$。 那么这个猜想是否成立呢? 我们只要直接计算一下即可检验。

计算发现 $3335^2=11\,122\,225$,符合 $n=4$ 时 $N$ 的形式。这说明我们的猜测是正确的。既然 $n=4$ 时,我们的猜测正确,那么现在我们就可以大胆猜想。

猜想:对任意的正整数 $n$,$\underbrace{11\cdots1}_{n-1}\underbrace{22\cdots2}_{n}5=\underbrace{3\cdots33}_{n-1}5^2$。

下面给出严格的证明:

$$\underbrace{11\cdots1}_{n-1}\underbrace{22\cdots2}_{n}5=\underbrace{11\cdots1}_{n-1}\times10^{n+1}+10\times\underbrace{22\cdots2}_{n}+5$$

$$=\frac{10^{n-1}-1}{9}\times10^{n+1}+10\times2\times\frac{10^n-1}{9}+5$$

$$=\frac{1}{9}(10^{2n}+10^{n+1}+25)$$

$$=\left(\frac{10^n+5}{3}\right)^2=\left(\frac{10^n-1}{3}+2\right)^2$$

$$=\underbrace{3\cdots33}_{n-1}5^2,$$

即

$$\underbrace{11\cdots1}_{n-1}\underbrace{22\cdots2}_{n}5=\underbrace{3\cdots33}_{n-1}5^2。$$

这表明对任意的正整数 $n$,$N=\underbrace{11\cdots1}_{n-1}\underbrace{22\cdots2}_{n}5$ 都是完全平方数。

**例 5‑17** 证明:对任意的正整数 $n$,均存在正整数 $m$,使得

$$(1+\sqrt{2})^n=\sqrt{m}+\sqrt{m+1}。$$

**分析** 观察这个等式,我们可以发现左侧是一个 $n$ 次二项式,右侧是两个根式的和,其中这两个根式的平方差为 1。要证明对任意的正整数 $n$,均存在正整数 $m$,使得上述等式成立,就需要我们探索正整数 $n$ 和 $m$ 的关系。然而题目的条件较少,难以直接发现它们的特征。鉴于此,我们不妨从简单的计算开始,通过计算,寻找题目的特征,根据题目的特征再提出解题的思路。

**解答** 从简单的计算开始:

$n=1$ 时,$(1+\sqrt{2})^1=1+\sqrt{2}=\sqrt{1}+\sqrt{2}$;

$n=2$ 时,$(1+\sqrt{2})^2=3+2\sqrt{2}=\sqrt{9}+\sqrt{8}$;

$n=3$ 时，$(1+\sqrt{2})^3 = 7 + 5\sqrt{2} = \sqrt{49} + \sqrt{50}$；

$n=4$ 时，$(1+\sqrt{2})^4 = 17 + 12\sqrt{2} = \sqrt{289} + \sqrt{288}$。

观察这些式子，我们可以发现，当 $n=1$，$2$，$3$，$4$ 时，均存在一个正整数 $m$，使得上述等式成立。另外，还可以发现 $(1+\sqrt{2})^n$ 展开化简后，由两部分构成，一部分是一个正整数，另一部分是 $\sqrt{2}$ 的若干整数倍，并且这两部分的平方差的绝对值等于 1。进一步地观察还可以发现，这两部分的平方差的符号与 $n$ 的奇偶性密切相关。当 $n$ 为奇数时，这两部分的平方差等于 $-1$；当 $n$ 为偶数时，这两部分的平方差等于 1。这个发现对于寻找解题的思路是很重要的。那么这个发现对一般的 $n$ 是否成立呢？据此，我们可以提出如下猜想。

**猜想** 设 $n$ 为任意的正整数，$(1+\sqrt{2})^n = x_n + y_n\sqrt{2}$，其中 $x_n$、$y_n$ 是正整数，则 $x_n^2 - 2y_n^2 = (-1)^n$。

下面给出证明：

因为 $(1+\sqrt{2})^n = x_n + y_n\sqrt{2}$，由对称性可知 $(1-\sqrt{2})^n = x_n - y_n\sqrt{2}$，两式左右两端分别相乘可得

$$(-1)^n = x_n^2 - 2y_n^2,$$

即

$$x_n^2 - 2y_n^2 = (-1)^n。$$

由此可知，对任意的正整数 $n$，有以下结论：

(1) 若 $n$ 是奇数，令 $m = x_n^2$，因为 $2y_n^2 = x_n^2 + 1$，于是

$$(1+\sqrt{2})^n = \sqrt{x_n^2} + \sqrt{x_n^2 + 1}。$$

(2) 若 $n$ 是偶数，令 $m = x_n^2 - 1$，因为 $2y_n^2 = x_n^2 - 1$，于是

$$(1+\sqrt{2})^n = \sqrt{x_n^2} + \sqrt{x_n^2 - 1}。$$

综上可知，对任意的正整数 $n$，均可以找到一个正整数 $m$，使得 $(1+$

$\sqrt{2})^n=\sqrt{m}+\sqrt{m+1}$ 成立。

**例 5-18** 设正数数列 $\{a_n\}$ 满足：$a_1=1+\sqrt{2}$，当 $n\geqslant2$ 时，

$$(a_n-a_{n-1})(a_n+a_{n-1}-2\sqrt{n})=2,$$

求数列 $\{a_n\}$ 的通项公式。

**分析** 这个数列问题给出了首项和递推关系，要求我们求出数列的通项公式。很明显，这个数列的通项公式并不容易直接求出。为了求出通项公式，不妨先计算一下这个数列的前几项，看看这个数列有什么规律。

$n=1$ 时，$a_1=1+\sqrt{2}=\sqrt{1}+\sqrt{2}$；

$n=2$ 时，$(a_2-a_1)(a_2+a_1-2\sqrt{2})=2$，代入 $a_1=1+\sqrt{2}$ 得

$$(a_2-1-\sqrt{2})(a_2+1+\sqrt{2}-2\sqrt{2})=2,$$

即 $$a_2=\sqrt{2}+\sqrt{3}；$$

$n=3$ 时，$(a_3-a_2)(a_3+a_2-2\sqrt{3})=2$，代入 $a_2=\sqrt{2}+\sqrt{3}$ 得

$$(a_3-\sqrt{2}-\sqrt{3})(a_3+\sqrt{2}+\sqrt{3}-2\sqrt{3})=2,$$

即 $$a_3=2+\sqrt{3}=\sqrt{3}+\sqrt{4}；$$

$n=4$ 时，$(a_4-a_3)(a_4+a_3-2\sqrt{4})=2$，代入 $a_3=\sqrt{3}+\sqrt{4}$ 得

$$(a_4-\sqrt{3}-\sqrt{4})(a_4+\sqrt{3}+\sqrt{4}-2\sqrt{4})=2,$$

即 $$a_4=2+\sqrt{5}=\sqrt{4}+\sqrt{5}。$$

观察可以发现，数列 $a_n$ 的值出现了非常明显的规律。据此，我们可以大胆地猜测，提出如下猜想。

**猜想** 设正数数列 $\{a_n\}$ 满足：$a_1=1+\sqrt{2}$，当 $n\geqslant2$ 时，

$$(a_n-a_{n-1})(a_n+a_{n-1}-2\sqrt{n})=2,$$

则对任意的正整数 $n$，$a_n = \sqrt{n} + \sqrt{n+1}$。

**证明** 鉴于 $n$ 是正整数，不妨用数学归纳法尝试证明。

$n=1$ 时，$a_1 = \sqrt{1} + \sqrt{2}$，满足条件。

假设 $n=k$ 时，$a_k = \sqrt{k} + \sqrt{k+1}$。

因为 $(a_{k+1} - a_k)(a_{k+1} + a_k - 2\sqrt{k+1}) = 2$，代入 $a_k$，化简可得

$$a_{k+1}^2 + 2\sqrt{k+1}\, a_{k+1} - 1 = 0,$$

配方得

$$(a_{k+1} - \sqrt{k+1})^2 = k+2,$$

开平方并移项可得

$$a_{k+1} = \sqrt{k+1} + \sqrt{k+2},$$

即 $n=k+1$ 时，结论也成立。

于是，由数学归纳法可知，对任意的正整数 $n$，均有

$$a_n = \sqrt{n} + \sqrt{n+1}。$$

### 5.2.5 善于分类，先解决某些特殊情况

分类是指按照种类、等级或性质分别归类。分类是数学学习过程中的一个非常重要的数学思想。特别是对于较为困难的数学问题，想要一次解决或许十分困难，有时候甚至是不可能的。这时可针对问题的特点，分成不同的类型分别进行解决。历史上，分类解决的数学问题数不胜数。例如，著名的费马大定理：当 $n \geqslant 3$ 时，不定方程 $x^n + y^n = z^n$ 没有正整数解。尽管费马在他的书中的空白地方写到他想到了一个美妙的证明，但由于空白太少，写不下。事实上，人们翻遍费马的手稿也没有找到他所说的美妙证明。历史上瑞士大数学家欧拉最早解决了 $n=3$ 时的特殊情况，后来陆续有其他的一些特殊情况被数学家们所解决，最后直到 1993 年这个问题才被英国数学家怀尔斯（Wiles）彻底证明。这个事实充分体现了分类思想的价值。资优生数学教育的过程中

经常会遇到挑战性的数学问题，于是分类解决就成为可行的策略。数学教师要指导学生掌握分类的思想，先解决某些特殊的情况，再探究解决整个问题。

**例 5-19** 设数集 $M=\{a,b,c,d\}$，$a$、$b$、$c$、$d$ 两两之和构成集合 $S$，其中 $S=\{5,8,9,11,12,15\}$，求集合 $M$。

**分析** 这是一个关于集合及其元素的问题。根据集合元素的唯一性特征，我们知道 $a$、$b$、$c$、$d$ 互不相等。考虑到这些元素的对称性，不妨设出 $a$、$b$、$c$、$d$ 的大小顺序，于是就可以根据这些元素的大小顺序构造若干方程，解方程后就可以求出 $a$、$b$、$c$、$d$ 的值，进而求出集合 $M$。

**解答** 不妨设 $a<b<c<d$。因为集合 $S$ 中恰好有 $6=C_4^2$ 个元素，所以 $a$、$b$、$c$、$d$ 两两之和互不相同。于是

$$a+b<a+c<a+d<b+d<c+d, a+c<b+c<b+d,$$

故只剩下 $a+d$ 和 $b+c$ 的大小未确定。

下面分情况进行分类讨论：

(1) 若 $a+d<b+c$，则

$$(a+b,a+c,a+d,b+c,b+d,c+d)$$
$$=(5,8,9,11,12,15),$$

于是可以得到 $a+b=5$，$a+c=8$，$b+c=11$。

解得 $b=4$，$c=7$，从而推出 $a=1$，$d=8$。

(2) 若 $a+d>b+c$，则

$$(a+b,a+c,b+c,a+d,b+d,c+d)$$
$$=(5,8,9,11,12,15),$$

于是可以得到 $a+b=5$，$a+c=8$，$b+c=9$。

解得 $b=3$，$c=6$，从而推出 $a=2$，$d=9$。

综上可知，$M=\{1,4,7,8\}$ 或 $M=\{2,3,6,9\}$。

**例 5-20** 已知自然数 $m$、$n$ 满足 $m^2+n^2=2020$，求 $m$、$n$ 的值。

**分析** 这个题目要求我们求出两个自然数,使得它们的平方和等于2020。由于2020是偶数,据此可以确定 $m$、$n$ 不可能是一奇一偶,它们要么都是偶数,要么都是奇数,这提醒我们可以使用换元法。换元之后就可以使方程右侧的系数减小。如此反复操作,当方程右端系数足够小的时候,就可以使得 $m$、$n$ 的取值范围缩减到足够小,这时只要逐一检验就可以确定 $m$、$n$ 准确的取值。

**解答** 观察可知 $m$、$n$ 要么都是偶数要么都是奇数,据此可以分类讨论。

(1) $m$、$n$ 都是偶数时,设 $m=2a$,$n=2b$,则

$$m^2+n^2=4a^2+4b^2=2020,$$

化简得

$$a^2+b^2=505。$$

观察可知,$a$、$b$ 必为一奇一偶。再设 $a=2c$,$b=2d+1$,则

$$a^2+b^2=4c^2+(2d+1)^2=505,$$

化简得

$$c^2+d^2+d=126。$$

因为 $d^2+d=d(d+1)$ 为偶数,所以 $c$ 必为偶数。令 $c=2e$,于是

$$d^2+d=126-4e^2=2(63-2e^2)。$$

易知 $63-2e^2>0$,又因为 $e$ 为自然数,所以 $e$ 只能取 1、2、3、4、5。逐一检验可知 $e$ 只能取 2 或 3。

$e=2$ 时,$d^2+d=110$,解得 $d=10$,于是 $b=2d+1=21$,$n=2b=42$,$m=\sqrt{2020-n^2}=16$。

$e=3$ 时,$d^2+d=90$,解得 $d=9$,于是 $b=2d+1=19$,$n=2b=38$,$m=\sqrt{2020-n^2}=24$。

(2) $m$、$n$ 都是奇数时,设 $m=2a+1$,$n=2b+1$,则

$$m^2 + n^2 = (2a+1)^2 + (2b+1)^2 = 2020,$$

化简得

$$2a(a+1) + 2b(b+1) = 1009。$$

观察可知上式左侧为偶数，而右侧为奇数，这意味着此时方程无解。

综上可知，原方程有四组解，分别为

$$\begin{cases} m=16, \\ n=42, \end{cases} \begin{cases} m=42, \\ n=16, \end{cases} \begin{cases} m=24, \\ n=38, \end{cases} \begin{cases} m=38, \\ n=24。 \end{cases}$$

**例 5-21**　在边长为 1 的正方形中，任意放入 3 个点，求证：这 3 个点构成的三角形面积不超过 $\dfrac{1}{2}$。

**分析**　本题要求在单位正方形中任意放入 3 个点，证明这 3 个点构成的三角形面积不超过 $\dfrac{1}{2}$。这是一个很有趣的数学问题，虽涉及的数学知识非常简单，仅涉及正方形的概念，但是解答却不简单。问题解决的关键是如何理解"任意放入 3 个点"。根据题意，这 3 个点是可以任意摆放的，可以在正方形的内部，也可以在正方形的边界，还可以正方形内部和边界都有。事实上，这 3 个点只要不超出正方形所在的区域就符合题意。因此，我们需要针对 3 个点的位置进行分类，并说明每一类中这 3 个点构成的三角形面积都不超过 $\dfrac{1}{2}$。

**解答**　首先证明一个引理。

如图 5-4，这样放置的三个点构成 $\triangle CEF$，那么它的面积不超过 $\dfrac{1}{2}$。

过点 $F$ 作 $DC$ 的垂线，垂足为点 $G$，交 $CE$ 于点 $H$。

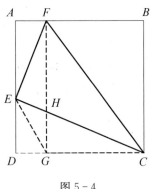

图 5-4

那么 $S_{\triangle EFH} \leqslant S_{\triangle EFG} = \dfrac{1}{2}S_{ADGF}$，同理 $S_{\triangle FCH} \leqslant S_{\triangle FCG} = \dfrac{1}{2}S_{FBCG}$。

所以 $S_{\triangle EFH} + S_{\triangle FHC} \leqslant \dfrac{1}{2}(S_{ADGF} + S_{BFGC}) = \dfrac{1}{2}S_{ABCD}$。

引理得证。

过点 $X$、$Y$、$Z$ 作 $\triangle XYZ$ 的外接矩形，从一个点出发作原矩形的平行线，是横竖两条，可能是两个点各出一条，另一个点出两条或者是两个点各出两条。

(1) 情况一：作 $\triangle XYZ$ 的外接矩形 $EFGZ$，如图 $5-5$。

运用引理可知，$S_{\triangle XYZ} \leqslant \dfrac{1}{2}S_{EFGZ}$，而 $S_{EFGZ} \leqslant S_{ABCD}$，那么 $S_{\triangle XYZ} \leqslant \dfrac{1}{2}S_{ABCD}$。

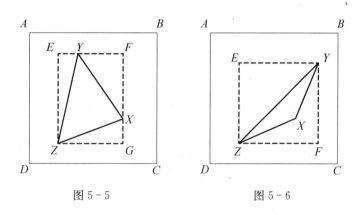

图 $5-5$        图 $5-6$

(2) 情况二：作 $\triangle XYZ$ 的外接矩形 $EYFZ$，如图 $5-6$。

那么 $S_{\triangle XYZ} \leqslant S_{\triangle YZF}$，而 $S_{\triangle YZF} = \dfrac{1}{2}S_{EYFZ}$，且 $S_{EFGZ} \leqslant S_{ABCD}$，那么 $S_{\triangle XYZ} \leqslant \dfrac{1}{2}S_{ABCD}$。

综上可知，无论这 3 个点如何摆放，其构成的三角形面积都不超过 $\dfrac{1}{2}$。

### 5.2.6 善于估计,逐步逼近问题的答案

数学估计包括定量的数学估计和定性的数学估计两类,其中定量的数学估计分为估数、估算和估测三个方面[①]。估计是一种重要的数学能力,受到了数学教育界的广泛重视。新颁布的中小学数学课程标准已经对不同年级的学生提出了相应的估计能力要求。这里所说的估计主要指的是估算,也就是计算估计。计算估计时首先需要对问题进行定性分析,从宏观上给出一个粗略的结果,如果需要精确的结果,再进行量化计算,从而得到较为准确的估计结果。数学问题解决过程中,尤其是面对较为困难的数学问题,通常并不是一下子就可以解决的。这些问题往往首先需要做一个宏观上的估计。如果思路不可行,那么立刻另寻他法,如果思路可行,再进行量化计算,通过逐步逼近的方法找到问题的答案。

**例 5-22** 设 $n$ 为大于 1 的奇数, $\alpha$ 为多项式 $P(x) = (x-1)^n - x^2$ 的实根。求证: $\alpha > 2 + \dfrac{1}{n}$ 。

**分析** 这个问题要求我们对一个多项式方程 $P(x)$ 的根的取值范围进行讨论。仔细观察容易发现,这个多项式方程的根 $\alpha$ 是不可能小于零的,甚至 $\alpha > 1$ 也是成立的。这启发我们可以先对 $\alpha$ 的取值范围做一个估计,然后再尝试逐步逼近问题的答案,从而最终解决问题。

**解答** 首先证明 $\alpha \geqslant 1$ 。

因为 $n$ 是大于 1 的奇数,假设 $\alpha < 1$ ,则 $P(\alpha) = (\alpha-1)^n - \alpha^2 < 0$ ,方程无解,矛盾!

其次证明 $\alpha \geqslant 2$ 。

假设 $1 \leqslant \alpha < 2$ ,则 $(\alpha-1)^n < 1 \leqslant \alpha^2$ 。于是 $P(\alpha) = (\alpha-1)^n - \alpha^2 < 0$ ,方程也无解,矛盾!

---

① 沈威,曹广福. 数学估计及中国数学课程标准对其的培养要求[J]. 数学教育学报,2015,24(4):33-39.

最后证明 $\alpha > 2 + \dfrac{1}{n}$。

假设 $2 \leqslant \alpha \leqslant 2 + \dfrac{1}{n}$，则 $(\alpha - 1)^n \leqslant \left(1 + \dfrac{1}{n}\right)^n < \mathrm{e} < 4 \leqslant \alpha^2$。于是 $P(\alpha) = (\alpha - 1)^n - \alpha^2 < 0$，方程还无解，矛盾！

综上可知，$\alpha > 2 + \dfrac{1}{n}$。

**例 5-23** 若 $n^2 + 15n + 26$ 为完全平方数，求正整数 $n$ 的值。

**分析** 这是一个关于完全平方数的数论问题，要求我们求出所有满足条件的正整数。观察可以发现，$n^2 + 15n + 26$ 并不能写成某个式子的完全平方，但是我们可以看出这个式子应该位于某些完全平方数之间。换句话说，我们可以使用放缩法，估计一下这个完全平方数的上下界，从而逼近问题的答案。

**解答** 因为 $n$ 为正整数，所以

$$n^2 + 15n + 26 > n^2 + 10n + 25 = (n+5)^2。$$

又因为 $n^2 + 15n + 26 < n^2 + 16n + 64 = (n+8)^2$，所以

$$n^2 + 15n + 26 = (n+6)^2$$

或

$$n^2 + 15n + 26 = (n+7)^2。$$

(1) $n^2 + 15n + 26 = (n+6)^2$ 时，解这个一元一次方程得 $n = \dfrac{10}{3}$。因为 $n$ 不是正整数，所以舍去。

(2) $n^2 + 15n + 26 = (n+7)^2$ 时，解这个一元一次方程得 $n = 23$，符合题意。

综上可知，存在唯一的正整数 23，使得 $n^2 + 15n + 26$ 为完全平方数。

**例 5-24** 求实数 $M$ 的整数部分，其中 $M$ 的表达式如下：

$$M = \cfrac{1}{\dfrac{1}{1980} + \dfrac{1}{1981} + \cdots + \dfrac{1}{2001}}。$$

**分析** 初看这个题目似乎比较困难,因为 $M$ 的表达式极为复杂。但认真观察可以发现分母中的数字都是连续的自然数的倒数,有着较为明显的规律。要求出 $M$ 的整数部分就要对 $M$ 的值有一个估计。特别地,如果能够求出 $M$ 的上下界,那就可以确定 $M$ 的整数部分了,这提醒我们可以尝试一下放缩法。

**解答** 因为 $1980 + 1981 + \cdots + 2001 < 22 \times 2001$,所以

$$M < \frac{1}{22 \times \dfrac{1}{2001}} = \frac{2001}{22} = 90\frac{21}{22}。$$

又因为 $1980 + 1981 + \cdots + 2001 > 22 \times 1980$,所以

$$M > \frac{1}{22 \times \dfrac{1}{1980}} = \frac{1980}{22} = 90。$$

即 $90 < M < 90\frac{21}{22}$,所以实数 $M$ 的整数部分为 $90$。

**评论** 这道题目中的数字明显与年份相关,并且选取的数字恰到好处,解答过程中使用放缩法恰好确定了 $M$ 的整数部分。需要注意的是题目中的 2001 已经不能再放大,如果放大就会出现 $M$ 取两个不同的整数部分。

**例 5-25** 已知 $n$ 是任意的正整数,求证:$1 + \dfrac{1}{2^2} + \dfrac{1}{3^2} + \cdots + \dfrac{1}{n^2} < 2$。

**分析** 这是一道不等式证明问题,要求我们证明对任意的正整数 $n$,上述不等式都成立。这提醒我们或许可以使用数学归纳法证明这个不等式。但尝试可以发现,第二步假设之后并不容易处理。因此,我们必须另寻他法。观察可以发现,不等式左侧的每一项都是一个完全平方数的倒数,并且左侧恰好是前 $n$ 个自然数的平方的倒数之和。故,要证明这个不等式必须对平方的倒数做出一定估计,特别是进行恰当的放缩。事实上,如果我们能联想到裂项法:$\dfrac{1}{n(n+1)} = \dfrac{1}{n} - \dfrac{1}{n+1}$,就能够对平方的倒数做出恰当的放缩,从而找到问题解决的思路。

**解答** 当 $n \geqslant 2$ 时，$\dfrac{1}{n^2} < \dfrac{1}{n(n-1)} = \dfrac{1}{n-1} - \dfrac{1}{n}$。于是，

$$1 + \frac{1}{2^2} + \frac{1}{3^2} + \cdots + \frac{1}{n^2} < 1 + \frac{1}{1} - \frac{1}{2} + \frac{1}{2} - \frac{1}{3} + \cdots + \frac{1}{n-1} - \frac{1}{n}$$

$$= 2 - \frac{1}{n} < 2,$$

即

$$1 + \frac{1}{2^2} + \frac{1}{3^2} + \cdots + \frac{1}{n^2} < 2。$$

**评论** 上述过程中实际上证明了一个更强的结果，即对任意的正整数 $n$，$1 + \dfrac{1}{2^2} + \dfrac{1}{3^2} + \cdots + \dfrac{1}{n^2} < 2 - \dfrac{1}{n}$。证明的成功与否依赖于对 $\dfrac{1}{n^2}$ 进行恰当的放缩。实际上针对这个更强的不等式，我们可以使用数学归纳法非常容易证明它的正确性。这大大出乎预料。至于具体的过程，就留给有兴趣的读者吧。

**例 5-26** 已知 $S = \dfrac{1}{2^1+1} + \dfrac{3}{2^2+1} + \dfrac{5}{2^3+1} + \cdots + \dfrac{99}{2^{50}+1}$，求 $S$ 的整数部分。

**分析** 本题要求代数式 $S$ 的整数部分。这需要我们对 $S$ 的取值范围作出准确的估计，也即确定 $S$ 的上下界。鉴于 $S$ 随着项数的增多而不断增大，不妨先估计一下 $S$ 的上界。注意到分母都是 $2^k+1$ 的形式，这提醒我们可以对分母进行放缩。

**解答** 令 $T = \dfrac{1}{2^1} + \dfrac{3}{2^2} + \dfrac{5}{2^3} + \cdots + \dfrac{99}{2^{50}}$，易知 $S < T$。

由于 $2T = 1 + \dfrac{3}{2^1} + \dfrac{5}{2^2} + \cdots + \dfrac{99}{2^{49}}$，所以

$$T = 2T - T = 1 + \frac{2}{2^1} + \frac{2}{2^2} + \cdots + \frac{2}{2^{49}} - \frac{99}{2^{50}}$$

$$= 3 - \frac{1}{2^{48}} - \frac{99}{2^{50}} < 3。$$

于是 $S < 3$。

另一方面

$$S > \frac{1}{2^1+1} + \frac{3}{2^2+1} + \frac{5}{2^3+1} + \frac{7}{2^4+1} + \frac{9}{2^5+1}$$

$$= \frac{1}{3} + \frac{3}{5} + \frac{5}{9} + \frac{7}{17} + \frac{9}{33}$$

$$> 0.3 + 0.6 + 0.5 + 0.4 + 0.2 = 2,$$

所以 $2 < S < 3$。

因此 $S$ 的整数部分只能是 2。

### 5.2.7 善于反思,追求多样化的解答

数学问题解决及其教学通常关注如何找到解决问题的思路和方法,而对解题后的回顾与反思却不够关注。问题解决了并不意味着解题的结束。因为问题解决的背后还潜藏着许多有价值的信息。如果问题解决后及时进行回顾与反思,我们将会得到更大的收获。回顾与反思,可以是反思问题的解决方法,也可以是反思问题本身。反思问题的解决方法有助于我们发现更多的解题思路,甚至找到一个更优美或更简单的解答。反思问题本身则能够帮助学生体验到问题是如何提出来的,问题中的条件是否可以优化,结论是否可以改进,甚至问题是否可以进一步地推广,从而帮助学生体验到数学研究的乐趣。波利亚指出:"工作中最重要的那部分就是回去再看一下完整的解答,他可以深思题目的困难之处及决定性的观念,他可以尝试去了解是什么阻碍了他,又是什么最后帮助了他。"①这些事实充分表明解题后的回顾与反思是问题解决的核心步骤,它绝不是可有可无的,其价值绝对不可忽视。事实上,问题解决后进行回顾与反思是自我提高的必经之路,也是从模仿练习到数学探究的一大诀窍。

---

① 波利亚. 怎样解题:数学教学法的新面貌[M]. 涂泓,冯承天,译. 上海:上海科技教育出版社,2002.

**例 5-27** 已知 $a\sqrt{1-b^2}+b\sqrt{1-a^2}=1$，求 $a^2+b^2$。

**评论** 本题在第 3 章例 3-7 已经给出了代数角度的解答，下面再给几个其他角度的解答以飨读者。

**解法一** （几何的角度） 如图 5-7 所示，在圆 $O$ 的内接四边形 $ABCD$ 中，$AC$ 为圆 $O$ 的直径，$AC=1$，$AB=a$，$AD=b$。于是 $BC=\sqrt{1-a^2}$，$CD=\sqrt{1-b^2}$。

因为四边形 $ABCD$ 为圆 $O$ 的内接四边形，故由托勒密定理可得

$$AB\cdot CD+AD\cdot BC=AC\cdot BD,$$

即 $a\sqrt{1-b^2}+b\sqrt{1-a^2}=BD$。

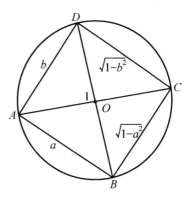

图 5-7

又因为 $a\sqrt{1-b^2}+b\sqrt{1-a^2}=1$，所以 $BD=1$，即 $BD$ 为圆 $O$ 的直径。

因此四边形 $ABCD$ 为矩形，所以 $AB=CD$，即 $a=\sqrt{1-b^2}$，故 $a^2+b^2=1$。

**解法二** （三角的角度） 设 $a=\sin\alpha$，$b=\sin\beta$，$0<\alpha,\beta<\pi$，于是 $a\sqrt{1-b^2}+b\sqrt{1-a^2}=1$ 可以转化为 $\sin\alpha\cos\beta+\sin\beta\cos\alpha=1$，即

$$\sin(\alpha+\beta)=1。$$

这表明 $\alpha+\beta=\dfrac{\pi}{2}$，所以

$$a^2+b^2=\sin^2\alpha+\sin^2\beta=\sin^2\alpha+\sin^2\left(\frac{\pi}{2}-\alpha\right)=1。$$

**解法三** （向量的角度） 设 $\overrightarrow{AB}=(a,\sqrt{1-a^2})$，$\overrightarrow{CD}=(\sqrt{1-b^2},b)$，于是 $|\overrightarrow{AB}|=1$，$|\overrightarrow{CD}|=1$，并且 $a\sqrt{1-b^2}+b\sqrt{1-a^2}=1$ 可以转化为 $\overrightarrow{AB}\cdot\overrightarrow{CD}=1$。又因为

$$\overrightarrow{AB} \cdot \overrightarrow{CD} = |\overrightarrow{AB}| \, |\overrightarrow{CD}| \cos\langle \overrightarrow{AB}, \overrightarrow{CD} \rangle,$$

所以 $\cos\langle \overrightarrow{AB}, \overrightarrow{CD} \rangle = 1$，于是 $\langle \overrightarrow{AB}, \overrightarrow{CD} \rangle = 0$，从而 $\overrightarrow{AB} /\!/ \overrightarrow{CD}$，故

$$\frac{a}{\sqrt{1-a^2}} = \frac{\sqrt{1-b^2}}{b},$$

去分母并平方得 $a^2 b^2 = (1-a^2)(1-b^2)$，化简可得

$$a^2 + b^2 = 1。$$

**例 5-28** 解方程 $\sqrt{x+7} + \sqrt{x+2} = \sqrt{3x+6} + \sqrt{3x+1}$。

**分析** 观察可以发现，这是一个包含四个根式的无理方程。毫无疑问，解题的关键是如何去掉根号。虽然直接平方能够去掉根号，但是得到的结果却十分复杂，需要连续平方三次才能完全去掉根号，计算量非常大。这说明直接平方不是一个好的想法。我们需要进一步分析题目的特征，寻找解题的突破口。深入观察可以发现，方程两端根号里面的表达式具有一定的规律，比如左侧未知数的系数都是 1，右侧未知数的系数都是 3，又如左右两侧常数的差都是 5，等等。这些特征提醒我们可以从多个角度探寻问题解决的思路，从而一题多解。

**解法一** （移项平方法） 移项得

$$\sqrt{x+7} - \sqrt{3x+1} = \sqrt{3x+6} - \sqrt{x+2},$$

两端同时平方并化简得

$$\sqrt{x+7}\sqrt{3x+1} = \sqrt{3x+6}\sqrt{x+2},$$

再次平方可得

$$(x+7)(3x+1) = (3x+6)(x+2),$$

整理得 $10x = 5$，解得 $x = \dfrac{1}{2}$。

**解法二** （共轭根式法） 因为

$$\sqrt{x+7}+\sqrt{x+2}=\sqrt{3x+6}+\sqrt{3x+1}, \qquad ①$$

且方程两端都不为 0，所以

$$\frac{1}{\sqrt{x+7}+\sqrt{x+2}}=\frac{1}{\sqrt{3x+6}+\sqrt{3x+1}},$$

等式两端分母有理化并化简可得

$$\sqrt{x+7}-\sqrt{x+2}=\sqrt{3x+6}-\sqrt{3x+1}。 \qquad ②$$

①+②得 $2\sqrt{x+7}=2\sqrt{3x+6}$，化简并平方得 $x+7=3x+6$，解方程得 $x=\dfrac{1}{2}$。

**解法三**　（构造函数法）　设函数 $f(t)=\sqrt{t+5}+\sqrt{t}$，显然 $f(t)$ 在 $(0,+\infty)$ 上严格单调递增。

因为原方程等价于 $f(x+2)=f(3x+1)$，于是，由 $f(t)$ 的单调性可得 $x+2=3x+1$，解得 $x=\dfrac{1}{2}$。

**例 5-29**　如图 5-8 所示，已知四边形 $ABCH$、$HCDG$、$GDEF$ 都是单位正方形。求证：$\angle ADC+\angle AEC=45°$。

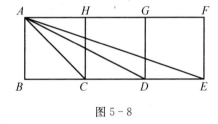

图 5-8

**分析**　这是一个几何问题，目的是证明两个角的和为 $45°$，可以发现它们的和是一个非常特殊的角。因此，我们可以从几何的角度来思考，给出一个纯几何的方法；也可以从三角的角度来思考，以算代证，给出一个三角的证明。

**解法一**　（几何法）因为四边形 $ABCH$、$HCDG$、$GDEF$ 都是单位正方形，且 $AC$ 为正方形的对角线，所以 $\dfrac{AC}{CD}=\dfrac{EC}{CA}=\sqrt{2}$。

又因为 $\angle ACD=\angle ECA$，所以 $\triangle ACD \backsim \triangle ECA$，于是 $\angle DAC=$

$\angle AEC$，所以

$$\angle ADC + \angle AEC = \angle ADC + \angle DAC = 45°。$$

**解法二** （三角法）因为四边形 $ABCH$、$HCDG$、$GDEF$ 都是单位正方形，所以

$$\tan\angle ADC = \tan\angle ADB = \frac{1}{2}，\ \tan\angle AEC = \tan\angle AEB = \frac{1}{3}。$$

又因为，

$$\tan(\angle ADC + \angle AEC) = \frac{\tan\angle ADC + \tan\angle AEC}{1 - \tan\angle ADC \times \tan\angle AEC}$$

$$= \frac{\tan\angle ADB + \tan\angle AEB}{1 - \tan\angle ADB \times \tan\angle AEB}$$

$$= \frac{\frac{1}{2} + \frac{1}{3}}{1 - \frac{1}{2} \times \frac{1}{3}} = 1。$$

因为 $\angle ADC$、$\angle AEC$ 都是锐角，所以 $0° < \angle ADC + \angle AEC < 180°$。 所以

$$\angle ADC + \angle AEC = 45°。$$

**例 5-30** 如图 5-9 所示，对任意 $\triangle ABC$，分别以 $AB$、$AC$ 为斜边向外作等腰直角 $\triangle ADB$ 与 $\triangle AEC$，取 $BC$ 中点 $M$，连接 $DM$、$EM$、$DE$。

求证：$\triangle DEM$ 为等腰直角三角形。

**分析** 这个平面几何问题要求我们证明

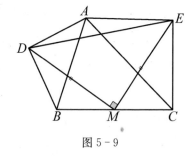

图 5-9

无论 $\triangle ABC$ 如何变化，$\triangle DEM$ 都是等腰直角三角形。本题主要考查学生对三角形全等以及三角形相似判定定理的掌握情况。问题解决过程中需要添加辅助线，并且添加辅助线的方法有很多。因此，本题的解题思路较为灵活，解法多种多样，较为考验学生的几何素养。在

第 3 章已经给出了这个问题的一个证明,下面再给出两种不同的证明方法。

**证法一** 如图 5-10 所示,取 $AB$ 的中点 $G$,连接 $DG$、$MG$,则 $MG$ 为 $\triangle ABC$ 的中位线,于是 $\dfrac{GM}{AC}=\dfrac{1}{2}$,$\angle BGM=\angle BAC$。因为 $\triangle ACE$ 为等腰直角三角形,所以 $\dfrac{AE}{AC}=\dfrac{\sqrt{2}}{2}$,故 $\dfrac{GM}{AE}=\dfrac{\sqrt{2}}{2}$。

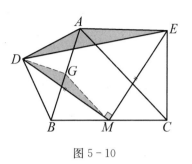

图 5-10

又因为 $\triangle ABD$ 为等腰直角三角形且 $G$ 为斜边中点,所以 $\dfrac{DG}{DA}=\dfrac{\sqrt{2}}{2}$,$\angle DGB=90°$。于是

$$\frac{DG}{DA}=\frac{GM}{AE}。$$

又因为 $\angle BGM+90°=\angle BAC+45°+45°$,所以 $\angle DGM=\angle DAE$。于是 $\triangle DGM\backsim\triangle DAE$,所以 $\angle MDG=\angle EDA$,从而

$$\angle MDE=\angle MDG+\angle GDE=\angle EDA+\angle GDE=45°。$$

同理可知 $\angle MED=45°$。

因此 $\triangle DEM$ 为等腰直角三角形。

**证法二** 如图 5-11 所示,延长 $DM$ 到 $F$ 使得 $DM=FM$,连接 $CF$、$EF$。又因为 $BM=CM$,$\angle BMD=\angle CMF$,所以 $\triangle BMD\cong\triangle CMF$。于是 $CF=BD=AD$,$\angle FCM=\angle DBM$。

因为 $\triangle ACE$、$\triangle ABD$ 为等腰直角三角形,所以 $CE=AE$。又因为

$$\angle FCE=360°-\angle BCA-\angle FCM-45°$$

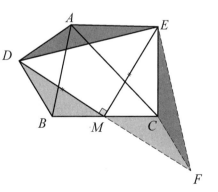

图 5-11

$$=360° - \angle BCA - \angle DBM - 45°$$
$$=360° - \angle BCA - \angle ABC - 45° - 45°$$
$$=\angle BAC + 90° = \angle DAE,$$

即 $\angle FCE = \angle DAE$。

所以 $\triangle FCE \cong \triangle DAE$，于是 $FE = DE$，$\angle FEC = \angle DEA$。所以

$$\angle FED = \angle FEC + \angle CED = \angle DEA + \angle CED = 90°,$$

故 $\triangle FED$ 为等腰直角三角形。又因为 $M$ 为 $FD$ 的中点，所以 $\triangle DEM$ 为等腰直角三角形。

波利亚指出："聪明的学生和聪明的读者不会满足于只验证推理的各个步骤都是正确的，他们也想知道各个不同步骤的动机和目标。如果最为引人注目的步骤，其动机和目的仍不可理解的话，那么我们在推理和创新方面就学不到任何东西。"[1]事实上，研究一个问题不能仅希望得到一个答案，也希望这个解答是优美的、富有启发性的，更渴望知道这个解答是如何想到的，从而揭示出问题解决的心理过程。问题解决中只有揭示出了最为引人注目的步骤及其动机和目的，才能帮助学生学会创新。数学资优生应倡导多角度的思考，追求自然、优美、简明的通法，这对培养资优生的问题意识和创新能力大有裨益。

### 5.2.8　善于推广，获得新的数学命题

推广就是扩大命题的条件中有关对象的范围，或扩大结论的范围，即从一个事物的研究过渡到包含这一类事物的研究[2]。推广是数学研究中一个非常重要的手段。推广的目的是获得新的数学命题，数学科学的发展在很大程度上依赖于推广。事实上，数学家总是在已有知识的基础上向未知的领域扩展，从实际的概念及问题中推广出各种各样的新概念和新问题。推广所用的方法

---

① 波利亚.怎样解题——数学思维的新方法[M].涂泓,冯承天,译.上海:上海科技教育出版社,2007, 43.

② 朱华伟,张景中.论推广[J].数学通报,2005,(4):55－57,28.

主要是归纳和类比,其方向可以是从特殊到一般的推广,也可以是从低维到高维的推广,还可以是向问题的纵深进行推广,甚至可以是延伸到其他学科的横向推广。数学问题解决教学中特别提倡推广,推广有助于促进学生观察、分析、比较、综合、概括等方面的能力,极为有助于培养学生的创新意识和创新能力,能够帮助学生逐步从模仿学习走向探索研究。数学资优生是潜在的数学与科学研究人才,培养资优生的探究意识和探究能力,推广是一个值得每位数学教师充分重视的方法。

**例 5-31** 试比较 $39^{40}$ 与 $40^{39}$ 的大小。

**分析** 这个问题的解答在第 3 章例 3-4 已经给出,此处不再重复。解答过程中的难点是对代数式 $\left(1+\dfrac{1}{39}\right)^{39}$ 进行恰当的放缩。事实上,如果放缩过大就得不到要求的结论,如果放缩过小证明起来就会比较困难。因此,放缩是解题的关键。另外,或许已经有读者注意到了,这个题目中的数字 39 和 40 可以换成一般的数字,从而进一步对问题进行推广,得到一个一般的结论。

**推广一** 设 $n \in \mathbf{N}_+$,则:当 $n = 1, 2$ 时,$n^{n+1} < (n+1)^n$;当 $n \geqslant 3$ 时,$n^{n+1} > (n+1)^n$。

**证明** 当 $n = 1, 2$ 时,简单计算可知 $n^{n+1} < (n+1)^n$ 成立。

当 $n \geqslant 3$ 时,$n^2 > 2n+1$ 显然成立,于是

$$\frac{(n+1)^n}{n^{n+1}} = \left(\frac{n+1}{n}\right)^n \cdot \frac{1}{n} = \left(1+\frac{1}{n}\right)^n \cdot \frac{1}{n}$$

$$< \left(1+\frac{1}{2}\right)\left(1+\frac{1}{3}\right)\left(1+\frac{1}{4}\right)\cdots\left(1+\frac{1}{n-1}\right)\left(1+\frac{1}{n}\right)\left(1+\frac{1}{n}\right) \cdot \frac{1}{n}$$

$$= \frac{3}{2} \cdot \frac{4}{3} \cdot \frac{5}{4} \cdots \frac{n}{n-1} \cdot \frac{n+1}{n} \cdot \frac{n+1}{n} \cdot \frac{1}{n}$$

$$= \frac{(n+1)^2}{2n^2} < 1。$$

所以当 $n \geqslant 3$ 时,$n^{n+1} > (n+1)^n$。

**推广二** 设 $a, b \in \mathbf{R}_+$,若 $b > a > \mathrm{e}$,其中 $\mathrm{e} = 2.71828\cdots$,为自然对数的

底数,则 $a^b > b^a$。

**证明**　设 $f(x) = \dfrac{\ln x}{x}$,考虑 $f(x)$ 在区间 $(e, +\infty)$ 上的单调性。

因为 $f'(x) = \dfrac{1 - \ln x}{x^2}$,当 $x > e$ 时,$1 - \ln x < 0$,于是 $f'(x) < 0$。

因此 $f(x)$ 在区间 $(e, +\infty)$ 上单调递减。

于是 $f(a) > f(b)$,即 $\dfrac{\ln a}{a} > \dfrac{\ln b}{b}$,去分母可得 $b \ln a > a \ln b$,即 $a^b > b^a$。

**例 5-32**　已知 $x + \dfrac{1}{x} = 1$,求 $x^{2019} + \dfrac{1}{x^{2019}}$ 的值。

**分析**　观察要求值的式子,可以发现这个代数式中的指数非常大,两个幂的指数都是 2019,似乎与年份有关,但已知条件中幂的指数都是 1,这提醒我们必须对已知条件变形,寻找 $x$ 的特征。由已知条件容易得到 $x^2 - x + 1 = 0$,认真观察这个等式的左端,似乎在哪里见到过。是的,左端的式子使我们联想到了立方和公式:$x^3 + 1 = (x + 1)(x^2 - x + 1)$!事实上,如果能够联想到立方和公式,那么这个问题解决的思路马上就能突显出来。

**解答**　因为 $x + \dfrac{1}{x} = 1$,所以 $x \neq 0$,去分母可得 $x^2 - x + 1 = 0$。

显然 $x \neq -1$,等式两端同时乘"$x + 1$"得

$$(x + 1)(x^2 - x + 1) = 0,$$

即 $x^3 + 1 = 0$,所以 $x^3 = -1$,于是

$$x^{2019} = (x^3)^{673} = (-1)^{673} = -1,$$

故 $x^{2019} + \dfrac{1}{x^{2019}} = -1 + (-1) = -2$。

**评论**　根据已知条件,我们可以得到 $x^3 = -1$,但是 $x \neq -1$,这似乎矛盾。这是因为 $x$ 的取值范围已经不是实数了,而是复数。尽管初中没有学过复数,但是计算过程中完全可以不用理会 $x$ 的取值范围,更不必求出 $x$ 的值,

而直接使用 $x^3 = -1$ 来进行计算并解决问题。事实上,这个题目中幂的指数 "2019" 可以换成任意一个整数,我们都可以使用类似的方法求出相应代数式的值。

**推广** 根据 $n$ 被 3 除的余数,我们可以使用分类讨论的方法求出 $x^n + \dfrac{1}{x^n}$。

(1) 当 $n = 3k$,$k$ 为奇数时,$x^n + \dfrac{1}{x^n} = -2$,$k$ 为偶数时,$x^n + \dfrac{1}{x^n} = 2$;

(2) 当 $n = 3k+1$,$k$ 为奇数时,$x^n + \dfrac{1}{x^n} = -1$,$k$ 为偶数时,$x^n + \dfrac{1}{x^n} = 1$;

(3) 当 $n = 3k+2$,$k$ 为奇数时,$x^n + \dfrac{1}{x^n} = 1$,$k$ 为偶数时,$x^n + \dfrac{1}{x^n} = -1$。

在这个推广中,$k$ 为奇数时,$x^{3k} = (-1)^k = -1$,$k$ 为偶数时,

$$x^{3k} = (-1)^k = 1。$$

于是对任意的整数 $n$,$x^{3k+1} + \dfrac{1}{x^{3k+1}} = (-1)^k x + (-1)^{-k} \dfrac{1}{x} = (-1)^k$。结论(3)类似也可以得到。事实上,我们甚至还可以采用类似的方法解决形如 "$x^n - \dfrac{1}{x^n}$" 的求值问题。如下所示。

**问题** 若 $x^2 - x + 1 = 0$,求 $x^{2015} - x^{2014}$ 的值。

**解答** 因为 $x^2 - x + 1 = 0$,所以 $x - 1 = x^2$,且 $x \neq -1$。

等式两端同时乘 "$x+1$" 得 $(x+1)(x^2-x+1) = 0$,即 $x^3 + 1 = 0$,所以 $x^3 = -1$,于是

$$x^{2015} - x^{2014} = x^{2014}(x-1) = x^{2014} x^2 = x^{2016} = (x^3)^{672}$$
$$= (-1)^{672} = 1。$$

**例 5-33** 若 $m^2 = m+1$,$n^2 = n+1$,求 $m^5 + n^5$。

**分析** 这是一道江苏初中数学竞赛题。题目要求我们求出 $m^5 + n^5$ 的值。

一个常见的思路就是用已知条件把要求的结论表示出来,这就需要找出 $m$、$n$ 的关系。事实上,根据已知条件,容易看出 $m$、$n$ 是一个二次方程的两个根。

**解答** 因为 $m^2 = m+1$,$n^2 = n+1$,所以 $m$、$n$ 是二次方程 $t^2 - t - 1 = 0$ 的两个实根。根据方程根与系数的关系可得 $m+n = 1$,$mn = -1$。于是,

$$m^2 + n^2 = (m+n)^2 - 2mn = 1 + 2 = 3,$$
$$m^3 + n^3 = (m+n)(m^2 - mn + n^2) = 3 + 1 = 4。$$

从而

$$m^5 + n^5 = (m^2 + n^2)(m^3 + n^3) - m^2 n^3 - m^3 n^2$$
$$= (m^2 + n^2)(m^3 + n^3) - n - m$$
$$= 3 \times 4 - 1 = 11。$$

**评论** 本题解答过程中用到了 $m^2 + n^2$ 和 $m^3 + n^3$ 的值,进而求出 $m^5 + n^5$ 的值。事实上,我们可以接着对问题进行深入的探索和推广,探究 $m^k + n^k$ 的值,这将是一个非常有趣的问题。为了便于找到 $m^k + n^k$ 的规律,我们根据 $k$ 的大小,从小到大把它们的数值排列出来,如下所示。

$$m + n = 1,$$
$$m^2 + n^2 = 3,$$
$$m^3 + n^3 = 4,$$
$$m^4 + n^4 = 7,$$
$$m^5 + n^5 = 11。$$

仔细观察 $m^k + n^k$ 的值可以发现,从 $k = 3$ 开始,后一项的值等于前两项数值的和,比如 $7 = 4 + 3$,$11 = 7 + 4$。据此,我们可以推测:$m^6 + n^6 = 11 + 7 = 18$。那么这个推测是否正确呢? 计算一下便知

$$m^6 + n^6 = (m^3 + n^3)^2 - 2m^3 n^3 = 4^2 - 2 \times (-1)^3 = 18。$$

可见,推测是正确的。既然 $k = 6$ 时,推测正确,那么对于一般的 $k$ 会怎样呢? 是否也存在同样的规律? 现在我们可以大胆地提出如下猜想。

**猜想** 设 $k \in \mathbf{N}_+$，$L_k = m^k + n^k$，则：$L_{k+2} = L_{k+1} + L_k$。

下面给出严格的证明：

$$L_{k+2} = m^{k+2} + n^{k+2}$$
$$= (m^{k+1} + n^{k+1})(m+n) - mn^{k+1} - nm^{k+1}$$
$$= m^{k+1} + n^{k+1} - n^k(mn) - m^k(mn)$$
$$= m^{k+1} + n^{k+1} - n^k(-1) - m^k(-1)$$
$$= m^{k+1} + n^{k+1} + m^k + n^k$$
$$= L_{k+1} + L_k。$$

这样我们就证明了上述猜想的正确性，从而得到如下定理。

**推广** 设 $k \in \mathbf{N}_+$，$L_k = m^k + n^k$，其中 $m+n=1$，$mn=-1$，则

$$L_{k+2} = L_{k+1} + L_k。$$

这样我们就得到了一个数列 $\{L_n\}$，其前十项分别是：

$$1，3，4，7，11，18，29，47，76，123。$$

由于 $m^k + n^k = L_k$，我们可以根据这个数列求出任意 $k$ 时 $m^k + n^k$ 的值。

**评论** 这个推广得到的数列就是卢卡斯数列，卢卡斯数列是以法国数学家卢卡斯的名字命名的。它与著名的斐波那契数列有一定的关系。这个数列与斐波那契数列一样，都满足同样的递推关系，即从第三项开始后一项都是前两项之和，但是由于最初的两项数值不同，导致了后来的各项数值都不相同。

**例 5-34** 已知，数列 $\{a_n\}$ 中，$a_1 = 2$，$a_{n+1} = a_n^2 - a_n + 1$，证明：

$$\frac{1}{a_1} + \frac{1}{a_2} + \cdots + \frac{1}{a_{2019}} > 1 - \frac{1}{2019^{2019}}。$$

**分析** 观察可以发现，这个数列的递推关系中的 $a_n$ 都是整式，而要证明的结论中却都是 $a_n$ 的倒数，这促使我们想到要对递推关系取倒数。但直接取倒数却是行不通的，因为 $a_n^2 - a_n + 1$ 的倒数无法进一步变形处理。不过，仔细观察可以发现，递推关系的右侧含有"$a_n^2 - a_n$"，这促使我们想到了裂项相消

法,只需要把右侧的 1 移到左侧即可,我们不妨按照这个思路进行尝试。

**解答**　因为 $a_{n+1}=a_n^2-a_n+1$,所以 $a_{n+1}-1=a_n^2-a_n$。

两端同时取倒数可得

$$\frac{1}{a_{n+1}-1}=\frac{1}{a_n^2-a_n},$$

右侧裂项可得

$$\frac{1}{a_n(a_n-1)}=\frac{1}{a_n-1}-\frac{1}{a_n},$$

即

$$\frac{1}{a_{n+1}-1}=\frac{1}{a_n-1}-\frac{1}{a_n},$$

所以

$$\frac{1}{a_n}=\frac{1}{a_n-1}-\frac{1}{a_{n+1}-1},$$

于是

$$\frac{1}{a_1}+\frac{1}{a_2}+\cdots+\frac{1}{a_{2019}}=\frac{1}{a_1-1}-\frac{1}{a_2-1}+\frac{1}{a_2-1}-\frac{1}{a_3-1}+$$

$$\cdots+\frac{1}{a_{2019}-1}-\frac{1}{a_{2020}-1}$$

$$=\frac{1}{a_1-1}-\frac{1}{a_{2020}-1}$$

$$=1-\frac{1}{a_{2020}-1},$$

故只需证明

$$1-\frac{1}{a_{2020}-1}>1-\frac{1}{2019^{2019}},$$

即证明

$$a_{2020} > 2019^{2019} + 1.$$

下面我们用数学归纳法,证明一般结论:$n \in \mathbf{N}$,当 $n \geq 3$ 时,$a_{n+1} > n^n + 1$。

当 $n = 3$ 时,$a_4 = 43 > 3^3 + 1$,结论成立。

假设 $n = k$,结论成立。即 $a_{k+1} > k^k + 1$。于是,

$$a_{k+2} = a_{k+1}(a_{k+1} - 1) + 1 > (k^k + 1)k^k > k^k k^k + 1 = k^{2k} + 1,$$

即

$$a_{k+2} > k^{2k} + 1.$$

又因为 $k \geq 3$,所以 $k^3 \geq 3k^2 = k^2 + 2k^2 \geq k^2 + 2k + 1 = (k+1)^2$,故

$$a_{k+2} > k^{2k} + 1 = (k^3)^{\frac{2k}{3}} + 1 \geq (k+1)^{\frac{4k}{3}} + 1 \geq (k+1)^{k+1} + 1,$$

即 $a_{k+2} > (k+1)^{k+1} + 1$。

这表明 $n = k + 1$,结论也成立。

所以,由数学归纳法可知,对任意的 $n \in \mathbf{N}$,当 $n \geq 3$ 时,$a_{n+1} > n^n + 1$。

因此,当 $n = 2019$ 时,$a_{2020} > 2019^{2019} + 1$,从而 $1 - \dfrac{1}{a_{2020} - 1} > 1 - \dfrac{1}{2019^{2019}}$,

即

$$\frac{1}{a_1} + \frac{1}{a_2} + \cdots + \frac{1}{a_{2019}} > 1 - \frac{1}{2019^{2019}},$$

结论得证。

**评论** 题目中的 2019 明显是一个年份,是一个特殊的数值。我们完全可以把它推广到一般的情况。上述不等式证明的过程中,实际上证明了对任意的 $n \in \mathbf{N}$,当 $n \geq 3$ 时,$\dfrac{1}{a_1} + \dfrac{1}{a_2} + \cdots + \dfrac{1}{a_n} > 1 - \dfrac{1}{n^n}$。事实上,检验可以发现 $n = 1, 2$ 时,上述不等式也成立。于是我们得到了一个一般的命题。

**推广** 数列 $\{a_n\}$ 中,$a_1 = 2$,$a_{n+1} = a_n^2 - a_n + 1$,则对任意的 $n \in \mathbf{N}$,均有

$$\frac{1}{a_1} + \frac{1}{a_2} + \cdots + \frac{1}{a_n} > 1 - \frac{1}{n^n}。$$

### 5.3 发现问题与解决问题——兼谈创新能力如何培养[①]

图 5 - 12

近年来,我校数学资优生教育取得了不错的成绩,在各种数学竞赛活动中多次荣获团体第一名,培养出大批数学特长生。尽管我校取得了一些成绩,但是我校的数学资优教育还存在一些缺陷,比如理论研究较为欠缺,等等。因此,通过借鉴外国同行好的经验和做法,有助于进一步完善我校的数学资优生教育。2018 年 3 月,美国数学奥林匹克国家队主教练罗博深(Po-Shen Loh,见图 5 - 12(左))博士应邀来我校作学术交流。

罗博深博士是一位年轻的华裔数学家,他于 2010 年在普林斯顿大学获得数学博士学位,目前是卡耐基·梅隆大学的副教授,主要从事组合数学、概率论以及数学竞赛教育研究。罗博深早在 1999 年的高中时代就代表美国队参加了国际数学奥林匹克并获得银牌。2004 年他以优异的成绩获得学士学位,其后就担任了美国国家队的副教练,从 2014 年开始担任美国国家队主教练,在 2015 和 2016 年带领美国队连续两年获得国际数学奥林匹克团体第一名,引起了美国社会各界对数学竞赛及其教育的广泛关注。参加听讲罗博深博士报告的是我校 6—8 年级部分理科班的学生以及学校相关的教师,约 150 人。5 月份,罗博士再次访问上海,就 3 月份报告的内容及教学上的处理,我们又作了一次沟通与探讨。下面就 3 月份的报告内容及一些思考作些探讨。

罗博深博士是一位善于与读者沟通的教师。他知道台下的学生是数学竞

---

① 本节内容摘自:何强. 发现问题与思考问题——IMO 美国国家队主教练罗博深的报告与启示[J]. 数学教学,2018,(8):6 - 9. 收录时略作修改。

赛爱好者,所以自我介绍说自己小时候是搞数学竞赛的,并且很喜欢数学竞赛。他的报告也从 2010 年 IMO 的一道组合题开始。

他首先给出一个问题:有 6 个盒子排成一排,每个盒子中有 1 枚硬币。前面的 5 个盒子中的任意一个,如果拿掉 1 枚硬币,那么可以在后面的一个盒子中加入 2 枚硬币。试问:经过若干次操作后,最终可以得到多少枚硬币?

因为第 6 个盒子的硬币取走了是不能加的,对于第 6 个盒子来说,第 5 个盒子的 1 枚硬币相当于第 6 个盒子中的 2 枚,第 4 个盒子的 1 枚相当于第 6 个盒子中的 4 枚,……,第 1 个盒子中的 1 枚相当于第 6 个盒子中的 32 枚。很简单,总共是 63 枚。同学们跟着他的思路,一起解决了这个问题,但这个问题并不是 IMO 的题目。

他进一步介绍:我们把上面的操作叫作 $A$,增加一个操作 $B$:如果在第 1—4 个盒子中取走 1 枚硬币,那么在后面紧挨着的两个盒子中的硬币作互换。那么利用这两个操作,最多可以得到多少枚硬币呢?

他鼓励学生先大胆猜一猜这个答案。学生们非常踊跃,有十六七个同学先后报了猜测的数字,如 162,1023,$3 \times 2^5$,$7 \times 2^{107}$,…。

罗博士问:"能不能得到 $2010^{2010^{2010}}$?"他继续说:"这才是 IMO 的题目,大家也知道这是哪一年的题目了。这是 2010 年最难的一道题,是组合题。"罗博士看出了学生的畏惧和疑问,他接着解释,这个问题的解法是适合初中生的,并不需要太多数学知识,主要是思维上的创新,重要的是,需要学会这样的思考方法。

接下来,他留了 10 分钟的时间,让大家自我探索,并且可以互相交流。一时间场面非常热烈,可以说调动了所有学生的积极性。

在他看来,碰到不会做的题目,仅仅看别人的解答很快就会忘记,对自己帮助并不大。如果自己做一做,经过思考、探索之后,再看人家的解答,对自己帮助将会更大。当碰到难题的时候,自己一下子想不明白,可以从简单的情形着手。

他带领学生一起讨论 3 个盒子的问题。假设第 1 个盒子中有 $x$ 枚硬币,第 2、第 3 个盒子中没有硬币。这里假设用"$x$"是希望对初始值 $(x,0,0)$ 的情

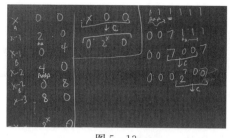

图 5-13

况,得到一个一般的结论。对$(x, 0, 0)$,经过若干次 $A$ 和 $B$ 的操作之后,可以变成$(0, 2^x, 0)$,这个过程定义为操作 $C$,如图 5-13 所示。

对四个盒子,$(x, 0, 0, 0)$,经过操作 $C$ 之后,变为$(0, 0, 2^{2^x}, 0)$,进而可得$(0, \underbrace{2^{2^{\cdot^{\cdot^2}}}}_{x}, 0, 0)$,这个过程定义为操作 $D$,这里 $\underbrace{2^{2^{\cdot^{\cdot^2}}}}_{x}$ 表示有 $x$ 个 2。

现在的问题是 $2^{2^{2^{2^{2^{2^{2^2}}}}}}$ ("8 个 2")到底有多大? 会不会超过$2010^{2010^{2010}}$ ?

因为$2010^{2010^{2010}} < (2^{11})^{2010^{2010}} = 2^{11 \times 2010^{2010}}$,也就是$11 \times 2010^{2010}$ 与"7 个 2"的比较。而$11 \times 2010^{2010} < 2^4 \times (2^{11})^{2010} = 2^{22114}$,进一步转化为 22 114 与"6 个 2"的大小比较。

这是显然的,于是问题就"OK"了。

罗博士表示,看了这个解法,大家也许感觉并不困难,但自己要想到这个解法,却很不容易。他还将这个问题作了延伸,这个问题到底可以得到多大的数呢? 当他在屏幕上呈现出图 5-14 所示的画面时,引起了热烈的掌声。因为学生们进入了奇妙的数学世界,感到无比的兴奋、激动。

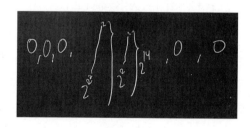

图 5-14

罗博士接着用骰子引出了三个数学游戏——关于掷骰子的问题。

首先,让两个学生分别掷 6 次骰子,交替使用两枚骰子,将每人的 6 次数字求和,谁的和大谁赢。学生亲自做实验,并请另外的同学来统计,让全体学生参与这个游戏。这个游戏本身很简单,应当说没有什么挑战性。但是,游戏之后,他问:"这个游戏公平吗?""为什么是公平的?"让学生来回答。学生说,"两个人是对等的,公平","每位人有同样的机会","面对面的数字加起来是 7,重量相等,中心最靠近中心",等等。但是,罗博士提供的骰子是"1 对 2,3 对

4，5对6"，与"全世界的骰子是不一样的"。接下来的问题是，怎样掷这样的骰子才会成为赢家？其实，只要让"1-2"成为侧面，就有更多的机会获胜。

他告诫学生，"用头脑，用数学，你就可能成为赢家"，"用数学不能骗别人，骗人则会失去朋友"，"我们应当善于用数学的思想和方法解决生活中的问题"。

其次，第二个游戏用正常的骰子，还是2个学生掷骰子，不过，掷6次后将各自6个数字求积，积大者赢。如图5-15，每一位参与者都非常投入，两个学生差距太大，结果引得大家哈哈大笑。

图 5-15

在这个游戏中，怎样才能有更多的机会成为赢家呢？因为 $1 \times 6 = 6$，$2 \times 5 = 10$，$3 \times 4 = 12$，所以尽量避开"1-6"两面，沿着"2-3-4-5"这个方向滚动，赢的可能性要大。这里用到了数学上"两数和相等，接近的两数乘积较大"的结论。

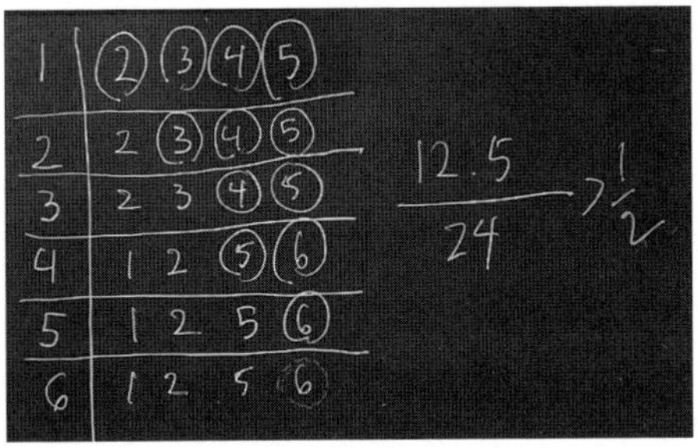

图 5-16

最后，第三个游戏是计次数，两人各掷3次骰子，谁掷得大的次数多谁获胜，要求是两个人同时掷骰子。如果一个人先掷，那么另一个人怎样掷才有更多赢的机会呢？通过计算各种情况的概率，第二个人可以做到获胜，如图5-16所示。

罗博士的讲座非常精彩，两个小时的报告就这样很快结束了，然而学生们还沉浸在兴奋、快乐的探索过程中，还有很多的期待，期待探讨更多的数学问题。他的讲座带给我们几点启示。

**(1) 资优生教育要培养学生善于从日常生活中发现数学问题**

问题是数学的心脏，好的数学问题在促进数学发展方面发挥着巨大的作用。因此，发现并提出数学问题正成为人们关注的一个数学教育研究热点。

数学问题的发现需要一双明亮的眼睛,善于从日常生活中发现数学问题。罗博深博士讲课过程中所用的掷骰子游戏就来源于人们的日常生活。他通过数学的眼光发现了其中存在的问题,深入思考之后得到了许多有趣的结论。这一事实充分表明数学与人们的生活息息相关。事实上,随着现代社会的发展,数学早已渗透到人们生活的方方面面。因此,在数学教育中培养学生从日常生活中发现数学问题,提高学生的数学问题意识和能力正变得越来越重要。

**(2) 资优生教育要培养学生善于从简单的地方开始思考问题**

数学问题解决的教学是数学教育的一个核心话题。那么遇到困难的问题如何才能找到问题解决的思路呢?罗博士认为解决问题的一个关键的思维方法就是善于从简单的地方思考问题。因为面对一个复杂的数学问题,一开始很可能难以深刻地理解问题并把问题解决的条件彻底地搞清楚。从简单的地方开始思考,特别是从一些特殊的情况入手,可以帮助我们弄懂题意,寻找可能的解题方法,从而打开问题解决的突破口。关于从简单的地方开始思考,我国著名数学家华罗庚先生曾有精彩的言论,他说:"善于'退',足够的'退',退到最原始而又不失重要性的地方,是学好数学的一个重要的诀窍。"[1]事实上,从简单的地方思考就是一个"退"的过程,即从复杂的情况退到简单的情况,目的是通过对简单情况的分析从而找到复杂情况下问题解决的规律。因此,从简单的地方开始思考问题,从特殊的情况入手寻找解决问题的突破口,这应该成为中学生学习数学问题解决的一个诀窍。

**(3) 资优生教育要培养学生善于用先猜后证的方法解决问题**

先猜后证指的是首先猜测出数学问题的答案或结论,然后再证明答案或结论的正确性。历史上,先猜后证的方法受到了许多杰出数学家的大力称赞。例如,波利亚认为:"数学家的创造性工作的结果是论证推理,是一个证明,但证明是由合情推理,是由猜想来发现的。"[2]罗博士也指出,先猜后证是一个重

---

① 王元. 华罗庚科普著作选集[M]. 上海:上海教育出版社,1984:119.

② 波利亚. 数学与猜想(第二卷)——合情推理的模式[M]. 李志尧,等,译. 北京:科学出版社,2001:177.

要的解题方法,特别是面对一个困难的问题时,我们可以从简单的地方开始思考,探索问题解决的思路,通过先猜后证的方法发现问题解决的一般规律,最后再给出证明。可见,先猜后证是解决数学问题强有力的方法,中学数学教育中应该大力倡导培养学生的数学直觉,善于用先猜后证的方法解决数学问题。

**(4) 资优生教育要培养学生善于应用数学解决生活中的问题**

数学是思维的科学,数学教育理应发展学生的思维能力,教学生学会思考。罗博士认为数学教育应该教育学生面对现实世界的问题时如何去思考,特别是如何应用数学解决现实生活中的问题。然而,由于各种因素的影响,我国中小学数学教育重视的是数学知识技能的掌握,而忽视学生数学应用能力的发展。事实上,数学教育不仅仅是为了培养学生通过考试从而升入高一级的学校,数学教育更重要的是发展学生的数学素养。数学素养的一个重要表现就是具备应用数学解决实际问题的能力。目前,数学教育界倡导的核心素养教育,特别是数学建模就是为了克服这一弊端。中小学数学课程标准研制负责人史宁中认为:"数学核心素养的本质,是描述一个人经过数学教育后应当具有的数学特质。大体上可以归纳为:会用数学的眼光观察世界,会用数学的思维思考世界,会用数学的语言表达世界。"[1]这里的"三会"指的就是会用数学解决实际问题,特别是生活中遇到的实际问题。

---

① 史宁中,林玉慈,陶剑,等.关于高中数学教育中的数学核心素养——史宁中教授访谈之七[J].课程·教材·教法,2017,37(4):8-14.

# 第6章 数学资优生教育：市北初级中学的经验、成绩与反思

英才教育，特别是数学资优生教育的重要性已经引起世界各国的高度重视，我国也不例外。然而，我国数学资优生的教育仍旧面临着理论与实践的诸多困难。不仅缺乏理论指导，实践经验也有待积累。上海市市北初级中学是一所数学资优生教育特色学校。迄今为止，从事数学资优生教育已有二十六年，其间积累了一定的资优生教育经验，取得了一些进展和成绩。本章主要介绍我校数学资优生教育的经验和成绩，并对未来数学资优生的教育进行反思和展望。

## 6.1 数学资优生教育的经验

上海市市北初级中学是上海市首批素质教育实验校、上海市数学资优生教育特色学校。自 1996 年市北中学初高中分离以来，我校一直在数学资优生的发现和培养方面进行不懈探索。二十多年过去了，我校取得了一些成绩，得到了许多专家和同行的肯定，也获得了不少家长的认可以及社会的赞誉。我们之所以能取得现在这些成绩，主要在于我校在长期的数学资优生教育过程中形成了特色鲜明的数学资优生教育传统，特别是在制度保障、课程建设、师资培训以及学习指导等方面，积累了较为丰富的资优生教育经验。

### 6.1.1 制度保障

数学资优生的教育离不开良好的制度保障。通过立法和制定政策给予英

才教育以全面的制度保障是世界各国英才教育共同的特点①。例如,美国的英才教育是有联邦立法的,基本上每个学校都有英才教育,法律规定只要被判定为英才生,学校就有义务给予其特殊的教育②。这种努力发现和培养资优人才的法律法规为美国资优生教育的发展奠定了良好的基础。中国的资优生教育也需要从国家层面探索并建立一套有效的资优生发现和保障机制;学校和教师则应当为学生的个性化发展提供条件和指导,努力营造尊重学生个性差异、倡导因材施教的资优生教育氛围,培养资优生的创新意识和能力。然而,已有不少学者指出,我国在资优生教育制度方面还存在一些不完善的地方,资优生教育法律法规还较为欠缺,大量的资优学生无法得到合适的学习机会和教育资源,造成我国资优生教育发展相对滞后③④⑤⑥。尽管我国在资优生教育方面还存在一定的问题与不足,但我校在面对制度上的种种困难的同时,充分发挥自己的主观能动性,精心营造数学资优生成长的优良环境,确保每一位资优生都能够得到特别的指导,得到充裕的学习机会和教育资源,争取每一位数学资优生的天赋之才都能够得到充分的发展。

首先,我校数学资优生教育明确办学理念,坚定发展方向,突出优势发展。长期以来,我校始终坚持"张扬个性,和谐发展"的育人目标,努力让每一个孩子都有一片属于自己的天空,努力为每一个学生个性的发展创造一个富有挑战性、支持性、成长性的空间。作为教师,我们应当对自己所教的学生负责,无论学生能力高低,我们都应该让他们在原有的基础上收获属于自己的进步。

---

① 王光明,宋金锦,佘文娟,等. 建立中学数学英才教育的数学课程系统——2014 年中学英才教育数学课程研讨会议综述[J]. 课程·教材·教法,2014,34(5):122-125.
② 李翠翠. 美国、英国和澳大利亚资优教育国际比较及启示[J]. 外国中小学教育,2019(4):19-29.
③ 郑笑梅,姚一玲,陆吉健. 中美数学英才教育课程及其实践的比较研究[J]. 数学教育学报,2021,30(4):68-72,88.
④ 杨雨欣,徐瑾劼. 经合组织国家资优生教育政策的演进、特点及启示——基于 OECD 国家政策报告的解读[J]. 上海教育科研,2022(7):35-42.
⑤ 陈隽,康玥媛,周九诗,等. 基于中美比较视角谈职前数学教师的培养和英才教育——蔡金法教授访谈录[J]. 数学教育学报,2014,23(3):21-25.
⑥ 张丽玉,何忆捷,熊斌. 美国国际数学奥林匹克国家队的成就、经验与启示[J]. 比较教育学报,2020(3):24-34.

正是始终坚持这样的理念,资优生作为市北初级中学的一个特殊群体,他们的成长被予以充分关注,他们的需求得到最大程度的满足,资优生得以充分发展自己的优势。

在教学实践中,我们发现数学学科是能使资优生获得充分发展的重点学科。资优生这样一个学有余力的群体,他们有必要也有能力接触更高要求的数学内容。通过对这些内容的学习,既能够让他们的数学能力得以充分地发挥和提升,也能够让他们的思维能力、思维品质得到更大提高,从而不断提升自身能力。应该说,适当提升对数学内容与难度的要求,能使资优生这样一个群体有更多的收获,这不仅对于现行教材的学习有更大帮助,更对资优生自身数学能力的提高、高中数学的顺利学习,乃至终身发展都有着重要作用。因此,我校坚持以数学学科为抓手,带动物理、化学学科,兼顾语文、英语等学科,把我校办成"理科见长,全面发展"的学校,成为了我们学校的发展方向。

其次,我校积极把握时代潮流,不断与时俱进,坚持德才兼备的人才培养目标。随着时代的发展,高一级学校对优秀学生的要求、家长对孩子发展的要求、社会对人才的要求都在不断地发生变化。我们紧随时代发展,在学校教学中与时俱进,对资优生培养提出更高的要求,坚持培养"德才兼备"的高素质人才。"才"的方面,我校坚持各个学科全面发展。随着高考政策的改革,大学招生制度的改革,高一级的学校对学生的要求是学有所长、全面发展;随着时代的发展,家长理念也发生了变化,家长们更理性地看待数学学习,更多的家长希望自己的孩子全面发展。以往仅凭数学一枝独秀的情况已经不适应当下的环境了。在这样的背景下,我们也加强了其他学科的建设。在物理竞赛、化学竞赛、英语竞赛中,我们的资优生都取得了优异的成绩。我们向高一级学校输送的生源也得到了他们的认可。"德"的方面,我校坚守道德底线,培养学生良好的道德品质。关注资优生的人格培养,力求资优生短期与长期培育目标追求的平衡,推进在长远目标引领下资优生培育的短期显性目标达成度。具体而言:了解资优学生人格发展的现状;了解资优生健康人格培养中"朋辈"辅导情况;了解资优生健康人格培养中的家校合作的情况。从这个角度讲,对资优生的教育,应由知识的灌输提升为智慧的启迪。

最后,根据数学资优生的特点,我校制定了一系列具体的措施,以保障数学资优生能够得到个性化的教育,满足数学资优生的成长需求。例如,时间保障,即保障资优生的学习时间。在对数学资优生的培养过程中,我们设置了基础型课程、拓展型课程、研究型课程,从不同发展角度保证不同能力层次的数学资优生在学习时间上有充足保障。又如评价保障,我校建立了全面评价资优生发展的评价机制。具体表现为:(1)注重过程性评价。通过基础型课程中的学习小结、拓展型课程中的探究活动、研究型课程中的数学小论文等方式,对学生学习的过程开展评价,促进学生对数学学习的全方位认识,使不同能力水平的学生都能在努力过程中得到肯定;(2)注重阶段性评价。通过资优生的专项期中期末检测,确保培养方向不产生偏差,保证人才的高质量发展;(3)注重互相评价。每次阶段学习或检测后,我们都组织学生自评和互评,对照目标、措施及效果发现问题并总结经验。

## 6.1.2 课程建设

数学资优生教育本质上是一种个性化的教育,因此,这些天赋优异的学生需要一套为他们特别设计的课程体系。目前,我国中小学的课程体系针对的是普通学生,数学资优生在这样的课程体系中难以获得足够的学习机会,必须要为他们补充额外的课程。研究发现导致优秀学生低成就的原因之一就是缺乏有挑战性的课程[1][2]。王光明等指出,尽管我国一些学校在英才数学课程开发上做了有益的探索,但现有的课程体系相对孤立,横向上也缺乏学科间的沟通[3]。著名华人数学教育家吴仲和指出:"中国学生很好的并不多,很差的也在

---

① 方芳,方涛.关于英才教育法律政策的国际比较[J].四川教育学院学报,2012,28(5):48-52.
② 顾王卿,赵镇.低成就资优生的成因分析及干预措施[J].现代中小学教育,2017,33(12):87-89.
③ 王光明,宋金锦,佘文娟,等.建立中学数学英才教育的数学课程系统——2014年中学英才教育数学课程研讨会议综述[J].课程·教材·教法,2014,34(5):122-125.

少数,大部分为中间段。而美国的学生很好的很多,中间段和很差的也很多。特别是 Advanced Placement(AP)课程开启了美国优秀学生的求知之窗。"[1]公允地来讲,欧美国家资优生教育的成功,一个重要的原因就是建立了较好的多元化的课程体系,充分满足了资优生的发展需求[2][3]。这些研究表明课程是数学资优生教育的关键因素。欧美发达国家针对数学资优生教育成功的做法非常值得我们借鉴和学习。

我校数学资优生教育的一项重要工作,就是构建了一个教学质量稳定的资优生课程体系。长期以来,我校始终致力于资优学生的培养,学校已经形成自有的完整的教学体系与培养体系,并且在激发兴趣、提高能力等方面卓有成效。除以现行教材为主外,我校还根据资优生特点,拓宽广度,挖掘深度,开发出与学校课程匹配的校本教材,为学生创设自主发展的空间。我校对资优生的课程设置分三大板块:夯实学习基础的高水准、校本化实施的国家课程;培养学生兴趣的选修课程;培养学生健全人格的学科活动课程。通过课程设置,保证资优生学习的深度和持久度,使他们在某一领域或相关领域获得最大限度发展。概括来说,我校数学拔尖人才培育的数学课程,主要分为基础型课程、拓展型课程、研究型课程,三类课程均以上海市每学年发布的课程计划为准,设置一定的课时,满足不同学生的学习需求。

日常基础型课程,我们以我校长期积累并不断优化的数学教学体系为基础,编制并使用资优生数学教学讲义。以集中授课的形式,通过由浅入深、由易到难、循序渐进的教学方法,力求符合学生的认知规律,立足课堂基本要求,强调初中数学基础知识点和基本能力要求,丰富解决问题的思路、方法与手段。拓展型课程以延伸、拓展初中数学知识为目标,以提升数学能力为要求。

---

① 吴仲和. 比较研究要重视教育政策和背景——从不同角度看美国数学教育[J]. 数学教育学报,2017,26(4):34-37.
② 郑笑梅,姚一玲,陆吉健. 中美数学英才教育课程及其实践的比较研究[J]. 数学教育学报,2021,30(4):68-72,88.
③ 张英伯,李建华. 英才教育之忧——英才教育的国际比较与数学课程[J]. 数学教育学报,2008,16(6):1-4.

在教学内容上,针对不同能力水平的学生,确立不同的教学目标与教学内容,对高层次学生开设小班课;在教学方式上注重集中授课与探究活动相结合。研究型课程以数学问题的解决为主,通过强调思维要求、注重数学思想和数学方法的充分体现,以专家指导、分层讨论等不同形式开展数学问题的讨论研究,并以研究报告或小论文形式体现研究成果。总的来说,我校的数学资优生课程设置以数学基础型课程为主,以拓展型课程、研究型课程为辅,通过集中授课、分层活动、专题讨论、专家指导等形式开展数学资优生培养。

我校的数学资优生教育不仅设置了层次分明的课程体系,而且还强调课堂教学,多角度关注学生的学习,具体表现在以下几个方面:第一,注重知识生成。概念的形成,知识的发现都是理性思维的充分体现,从本质呈现上展现了知识的内涵,为知识的应用奠定了基础,概念的应用很多都包含在知识生成过程中,数学资优生应当从本质上理解所学的知识。第二,注重因材施教。教师根据学生的不同基础、不同水平、不同兴趣和发展方向,给予具体的指导,引导学生主动地从事数学活动,从而使学生形成自己对数学知识的理解和有效的学习策略。第三,注重互相交流。通过课堂讨论、讨论课等形式,启发学生思考,鼓励学生探讨。课堂讨论的内容可以是对知识的理解、方法的运用、难点的解决,也可以是某个学生对自己学习所感所悟的专题分享;讨论课则是围绕数学问题,各抒己见,交流共享。第四,注重形式多样。学生的数学学习活动是一个生动活泼、主动参与、富有个性的过程,不应只限于接受、记忆、模仿和练习,对于数学资优生的培养更是如此。因此,我们在课堂教学中倡导自主探索、动手实践、合作交流、阅读自学等方式,向学生提供充分从事数学活动的机会,帮助他们在自主探索和合作交流的过程中真正理解和掌握基本的数学知识与技能、数学思想和方法,获得广泛的数学活动经验。

我们努力培养学生的数学意识、思维品质以及创新能力,通过以上的课堂教学形式,我们的学生能灵活自如地运用数学观念去观察、解释和表示事物的数量关系、空间形式和数据信息,形成了良好的分析意识和数感;通过解决日常生活的实际问题,提炼数学模型,了解数学方法,提升了数学应用的创造型数学能力,并形成了自信、坚定、坚韧不拔的意志品质。

### 6.1.3 师资培训

数学英才教育对教师的素养提出了更高要求。培养数学英才的师资,专业化水准应该更高,对数学的理解应更深刻,既要洞悉和开发培养数学英才的数学课程,还要理解数学英才生的心理特点与需求。目前,在我国,影响中小学数学教育的一些现状令人担忧,其中最核心的一个问题是能够鉴别和指导数学拔尖学生的教师严重匮乏[1][2]。这种匮乏不仅表现在数量上,同时表现在专业素养层面。数学英才的培养主要依靠的是中学教师,大学教师是英才教育的有益补充。因此,培养、选拔一批优秀的中小学数学教师是英才教育课程实施的重要保障。事实上,如果老师不懂自己教的课程,孩子是绝对学不好的。师资和学术气氛是美国名校优秀人才不断涌现的重要因素[3]。这是美国精英人才不断涌现的关键因素,特别值得引起我国教育界,尤其是资优生教育工作者的重视。

数学教师的数学素养是数学资优生教育的关键。研究意识的养成对数学资优生的成长极为有利,但是在我国,中学数学的日常教学中却很少有教师关注培养学生的数学研究意识和能力。原因是多方面的,如学校不重视,教师不关心,学生不在意,但是数学教师自身的研究意识、能力和经验是培养学生数学研究意识的根本因素。事实上,如果数学教师缺乏相关的研究经历和经验,那么他就不可能有意识地去培养学生的研究意识,从而发展学生的数学研究能力。因此,培养学生的数学研究意识,数学教师自身的素养是关键。鉴于此,我校非常重视师德高尚、专业精干的资优生教育师资队伍建设。

---

① 杜玲玲. 超常儿童早期培养的师资保障制度研究[J]. 中国特殊教育,2022(7):3-9.

② 张丽玉,何忆捷,熊斌. 美国国际数学奥林匹克国家队的成就、经验与启示[J]. 比较教育学报,2020(3):24-34.

③ 丘成桐. 关于数学教育的意见. http://www.mathchina.com/bbs/forum.php?mod=viewthread&tid=2044257. 本文整理自丘成桐教授于 2020 年 12 月 7 日在北京雁栖湖举行的 2020 年清华大学全国重点中学校长会暨 2020 年基础学科拔尖人才衔接培养论坛上的演讲稿。

学校的发展离不开优质的师资队伍。为了建设一支专业的数学资优生教育教师队伍，我校近几年引进了不少青年教师。为使青年教师尽快成长起来，我们从教学内容、教学方式、教学策略等多方面入手，促进青年教师的成长，帮助青年教师逐步完善对资优生的课堂教学培养策略，逐步掌握针对资优生的教学指导策略。我校教师队伍建设坚持"一个思想、两个工作思路、四个成长组织"的准则。

一个思想指的是教师培训培养工作遵照的指导思想。我校重视青年教师队伍建设，并通过这个群体的发展，引发联动效应，影响和形成我校教师群体的专业发展方向，打造一支"为人有气度，治学有深度，视域有广度，育人有温度"的高素质专业化教师队伍。

两个工作思路指的是学校在教师培训培养方面达成的两点共识：一是教师在任务和组织中成长。任务就是机会，而机会是专业成长的起点；有质量的组织是专业成长的核心，孤立的个体则制约专业发展。二是教科研是教师的幸福之源。教师的幸福感主要来源于学生的爱戴、教学的胜任感、探究的新鲜感和成功的愉悦感，而这些都是教师在从事教学研究的过程中可以获得的。学校的教师培养工作要以研究为抓手，所有活动都要围绕一个具体的研究项目展开。

四个成长组织指的是学校在教师培训培养方面构建的四个学习共同体（组织）。教研组、见习期教师（青蓝工程）、35周岁以下青年教师（青年论坛）以及校青年骨干教师（名师工程）。学校首先以教研组为单位，以每年度校本研修为抓手，通过观课评课、集体教研、师徒结对、理论学习、专题论坛等加强教师队伍建设。同时，学校还积极打造青蓝工程、青年论坛和名师工程，培训活动有分有合，帮助不同年龄层次和不同教学经历的教师在适切的组织中共同学习，碰撞思想，携手前行。此外，学校还积极为教师创设各种校外的培训与专业发展机会，如区菁英计划、市名师工程、各类学术团体等，学校都鼓励教师积极申报并提供支持。

对数学资优生的培养，离不开对他们学习方法的指导，这是资优生培养的特性之一。我校在实践的基础上,形成了一系列针对资优生的方法指导策略,如自学策略、反思策略、寻疑策略等。我校已实施多年的分层教学,故在因材施教的教学策略方面积累了不少经验。现在,学校已在多年研究实践中形成了一套较为完善的教学策略。在这样一套稳定的教学模式下,青年教师知道应该如何开展合理、正确的教学活动,并运用到课堂教学中,促进了青年教师的迅速成长。我校 2017 届、2018 届资优生培养工作都是由刚参加工作的青年教师直接担任八、九年级的教学工作,他们同样出色地完成了教学任务。我校现在进行资优生教学的教师中,绝大多数都是近五年入职的青年教师。

青年教师的培养是我校工作的重中之重。我校坚持对青年教师进行全方位的培养,包括教师基本素养、专业能力、教育能力和教科研能力。我们依托四个组织,以校本研修和课题研究为抓手,坚持"教师论坛系列化""课题研究规范化""专家引领常态化",开展扎实有序的培训培养工作,对教师专业化发展进行精细管理,帮助教师在群体智慧的碰撞和启发下迅速成长。青年教师制定一年和三年专业发展规划,并在相应阶段培训后,对照计划进行培训效果的总结和反思。在校长室的指导下,师训处每学年都制定具体翔实的培训计划,培训过程由校教师队伍建设领导小组协同管理和负责,每学年根据当年度培养情况,师训处都会制定有针对性的考核评价方案。

### 6.1.4 学习指导

数学资优生教育本质上是一种个性化教育,特别注重因材施教。我校在数学资优生教育的过程中强调要充分调动学生的积极性和主动性。数学资优生的教育不仅靠学校靠教师,更多的是依靠学生本人。资优生的教师要努力把学生引入数学和科学的广阔领域,引导学生逐渐从教师讲学生听式的被动学习过渡到学生独立自主的主动学习,即教会学生学会自学,这是我校数学资优生教育的一个诀窍。我校的数学资优生教育要求教师特别关注对学生的学习指导,不仅要指导学生学会学习,而且要指导学生学会思考,更要指导学生尝试创新。这是一个层层递进逐渐深入的过程,目的是培养数学资优生逐渐从解答课本上面的习题过渡到探索研究有一定难度的探究问题,乃至做出有一定新意的研究成果。

### (1) 指导学生学会学习

资优生的学习也需要引导,不能放任自流,否则他们的潜力不能得到充分发挥。根据学生的特点及各个阶段教学任务的不同,我校数学资优生教师从六年级到九年级对学生进行了四次学法指导。

第一次:六年级第一学期期中。放在这个时间,主要是考虑让学生对初中学习特点有一些初步体验,这样指导起来学生才感到有必要,能得到他们的认可。这次指导的核心是让学生认识小学、初中学习的不同点在于思维的高层次性。小学数学更多的是数字、概念,而到了初中,在发展形象思维的同时,还要求适当具有抽象的思维能力,以及严密的逻辑推理能力。

第二次:七年级第一学期。主要是引导学生思维发展的多面性和深入性,同时提高思维的正面性,避免思维的表面化。平时的作业及测试,可以通过具有针对性和说服力的反面选项来引导学生重视思考的方法,帮助学生养成良好的思考习惯,学会更加合理地表达自己的想法和观点。

第三次:八年级第一学期开学后。主要指导学生学习数学的思想方法,也就是从学懂、学会到会学,特别是分析、综合、归纳等思考问题的方法,体现了解决问题中的探求思想。比如,从特殊到一般及数形结合思想,就是要通过引导学生去研究一些数学问题,并解决问题,使学生学会思考问题的方法。

第四次:九年级。指导学生遵循"基础—方法—能力"的思想,进行数学总复习。基础知识包括概念、公式、定理等,教师通过引导学生对数学语言、数学图形、数学式子的分析与转化,实现举一反三、"举三反一",使知识自然向能力转化。

### (2) 指导学生学会思考

注意知识形成过程的教学。课本上概念的形成、知识的推理都是这部分思维过程的充分体现,它揭示了知识的内涵,给知识的应用奠定了基础。概念的应用很多都包含在知识形成过程中,学生的创造性思维必须建立在课本思维的基础上，因此学生学习时，首先要学"本"。学生了解了知识形成的过程，自然会把它应用到解题中去，对概念也会记得牢、记得准。

注意数学"试验"——从特殊到一般的思考问题方法。目前，解决"开放型"问题已经被提到教学日程上来了，这首先就要求学生有探索精神，敢于探索，善于探索。要培养学生具有这种精神，就不能只在解探索题中才提出这一点，而要将这种探索精神、探索方法贯穿在教学的始终。对于抽象的数学问题，学生解答起来要比具体数字问题困难得多，因为他们需要具备牢固的基础知识，对数学符号的深刻理解及分析、综合能力。不过，所有抽象问题都是从大量具体材料中抽象出来的，所以学生应该有能力从已知的具体问题出发，得到抽象的结果，这就是一个"抽象—具体—抽象"的过程。

充分运用"数形结合"。数学中，图不仅是研究对象，而且是重要的数学语言，是对数学进行思维表达的工具，用图形表示的数学内容更具体、更直观。因此，熟悉数学图形，并在解题中以图形语言作为分析问题的手段是十分重要的思考方法。学生不仅要能理解用数学语言、数学符号表达的数学内容的含义，而且要能把它转移到自己所熟悉的图形上去，这是数学能力的重要体现，而这种能力需要在教学中加以引导和培养。

### (3) 指导学生尝试创新

综合能力的提高还必须提倡学生独立思索，提倡探讨与创新精神的培养，这对资优学生来说尤为重要。比如，进行课堂讨论，这是启发学生思考、鼓励学生探究、激发学生向上的好方法。讨论的内容可以是新的概念，可以是习题解法，也可以是对概念的理解、推导及计算方法的繁简。通过讨论，使学生对知识的理解加深，在不断的肯定与否定中发展思维。上讨论课，我们认为有两点要注意：一是讨论要有引导，要有目的，最后一定要有总结，对各种解法要有评论，使发散思维最后集中到主要概念上来；二是课堂讨论的气氛要平等，相同的、不同的意见都允许发表，教师与学生的地位平等，这样才有助于教学相长。

数学资优生在学会学习和思考的基础上要积极地提升研究意识，培养提出问题的能力,善于寻找有价值的问题进行研究,并尝试初步创新。创新意识和能力的培养需要数学教师引领和指导。为此,我们邀请国内外数学教育知名专家开展专题课外讲座,开阔数学资优生的数学视野,培养数学资优生的数学兴趣。有些数学知识具有共性,有些数学方法是通法,对于这些问题,加以学习和研究,对学生理解、掌握知识是有帮助的。在课外开展专题讲座并展开讨论,引导学生对相关知识进行总结,有助于学生把零散知识系统化,加强知识间的联系,从而提高综合运用的能力。这样的做法有助于学生尝试创新。

## 6.2 | 数学资优生教育的成绩

截至 2023 年,上海市市北初级中学的数学资优生教育已经度过了二十七个春秋。我校在长期的数学资优生教育过程中,逐步形成了一套较为完善的资优生教育方案,发现并培养了大量的资优学生,获得了许多奖项,为高一级学校输送了大批高素质人才。我校在探索数学资优生教育的过程中教学相长,相得益彰,涌现出许多优秀的教师,取得了一系列资优生教育教研成果,获得了大量的奖项和荣誉称号。这些成就的取得是我校全体教职工特别是数学资优教育教师辛勤工作的结晶。毫不夸张地说,我校的数学资优生教育在人才培养和教育科研方面都取得了丰硕的成果。

### 6.2.1 人才培养

二十多年来,学校获得上海市初中数学竞赛团体总分第一名十余次,学生个人一等奖百余人次;为历年中国数学奥林匹克集训队培养了四十余名选手,更有十一人分别获得国际数学、物理、化学奥林匹克金牌;2015、2016、2017 年,共有 5 名学生以初三年级学生的身份参加了全国中学生数学奥林匹克冬令营;2018 年国家数学奥林匹克集训队来自上海的 3 名选手都毕业于我校。总的来说,我校的数学资优生教育在人才培养方面取得了显著的成绩,在发现和培养数学资优生方面得到了全国同行的认可。

## (1) 比赛奖项

青少年数学与应用数学知识比赛是一项特别适合数学资优生参与的数学课外活动,对于提高资优生的数学与科学兴趣,培养资优生的创新意识和能力,开拓研究风气大有裨益。我校自建校以来特别鼓励数学资优生参加适宜的数学与科学知识比赛,尤其是国内外知名的数学竞赛,如全国初中数学联赛、全国高中数学联赛、上海市青少年"生活中的数学"实践活动、上海市中学生业余数学学校测试、华东师范大学举办的非常数学夏令营、美国数学竞赛等等,以赛促学,以赛促建。除了获得荣誉,我们更希望所有参与的学生都能有所学,希望所有参与的老师都能有所获,促进自身专业提升。以下为我校数学资优生在国内外各种数学竞赛中取得的部分成绩(见表6-1)。

表6-1 我校学生数学类竞赛获奖情况

| 年份 | 数学类竞赛名称 | 获奖情况 |
|------|------|------|
| 2023 | 保加利亚无国界数学竞赛 | 个人金牌4块,团体第一名 |
| 2022 | 伊朗几何奥林匹克 | 金奖5个 |
| 2020 | 上海市中学生数学小论文比赛 | 一等奖3人,二等奖10人,三等奖10人 |
| 2020 | 阿里巴巴全球数学竞赛 | 入围1人 |
| 2019 | 全国初中数学联赛 | 一等奖11人,二、三等奖30人 |
| 2019 | 伊朗几何奥林匹克 | 金奖1人 |
| 2018 | 保加利亚无国界数学竞赛 | 一等奖5人 |
| 2018 | 上海市"生活中的数学"竞赛 | 一等奖17人,二、三等奖34人 |
| 2017 | "大同杯"上海市初三数学竞赛 | 一等奖7人,二等奖18人,三等奖15人 |
| 2017 | 全国初中数学联赛 | 一等奖3人,二等奖3人 |
| 2017 | 全国高中数学联赛上海赛区 | 一等奖1人,二等奖10人,三等奖15人 |
| 2016 | 全国高中数学联赛上海赛区 | 一等奖2人,二等奖4人,三等奖2人 |
| 2016 | 上海市初三数学竞赛(大同中学杯) | 一等奖8人,二、三等奖15人 |
| 2016 | 全国初中数学联赛 | 二等奖3人,三等奖1人 |

| 年份 | 数学类竞赛名称 | 获奖情况 |
|------|----------------|----------|
| 2016 | 全国中学生数理化学科能力解题技巧及建模论文比赛 | 二等奖1人 |
| 2016 | 上海中学生数学探究性小论文比赛 | 三等奖1人 |
| 2015 | 上海市初三数学竞赛（新知杯） | 一等奖4人，二等奖18人，三等奖8人 |
| 2014 | 上海市初三数学竞赛（新知杯） | 一等奖8人，二等奖13人，三等奖12人 |

### (2) 优秀学生代表

初中毕业后，我校的数学资优生基本上都能够顺利升入上海市示范性高中，如上海中学、华东师范大学第二附属中学、复旦大学附属中学、上海交通大学附属中学等。高中教育阶段，这些数学资优生大多将会继续参加数学资优生项目学习，然后参加全国高中数学联赛，成绩优秀的学生将有机会参加中国数学奥林匹克。中国数学奥林匹克的优秀选手会进入集训队名单（一共60人），最后再选拔出最优秀的6名选手进入国际数学奥林匹克中国国家队。我校在二十多年的数学资优生教育办学历程中培养出大批中国数学奥林匹克金牌选手，涌现出一大批进入集训队的优秀学生，为国家队输送了许多优秀队员。这些优秀学生多数能够进入世界知名大学，如北京大学、清华大学、麻省理工学院、哈佛大学等。多数人都会选择继续攻读博士学位，有些同学已经拿到了博士学位，并在数学以及相关领域取得了突出的研究成果，甚至成为世界顶尖高校的知名学者。

- 刁晗生

刁晗生是我校2002届学生。他在初中时就展露出了过人的数学天赋，12岁参加"华罗庚金杯"少年数学邀请赛便拿下了人生中的第一个一等奖以及个人金牌。可以说，刁晗生对数学的兴趣和天赋在当时就得到了充分展示。他常常为了解决一个问题，花大量的时间反复思考，直到问题解决。这份决心和毅力更是令老师无比佩服。事实上，中学的时候，他把大部分时间都放在了数学学习方面。刁晗生回忆市北初级中学的数学教育时说:"市北初中培养了我对数学的浓厚兴趣,打下了扎实的功底,并且在数学竞赛方面得到了非常系统的训练。"这些数学教育经历激发了他的数学兴趣,对今后他走上数学研究的道路起到了非常重要的作用。

2005年,刁晗生作为国际数学奥林匹克中国国家队队长参加了第46届国际数学奥林匹克,并以满分的成绩拿到了金牌。然而,刁晗生并没有非常激动,他回到上海后淡然地表示:"金牌只是对于多年竞赛生涯的一次较为圆满的句号,以后还有更多更长的路要走。"事实表明,刁晗生并不是为了金牌而去学习数学竞赛,而是真心热爱数学。很快,刁晗生就被保送进入北京大学数学系,一年后转入美国麻省理工学院。2006年,刁晗生首次参加世界知名的普特南数学竞赛就拿到了最高分。2009年,刁晗生以优异的成绩直博著名的哈佛大学。获得博士学位后,刁晗生由于学术研究成果突出成为了普林斯顿大学的博士后,并在此期间担任普林斯顿大学的助教工作。由于教学准备充分,教学效果良好,刁晗生连续四年获得普林斯顿大学优秀教学奖。2019年,刁晗生结束博士后生涯后毅然决定回国报效祖国,这突显了他的报国之心。目前,刁晗生是清华大学丘成桐数学科学中心的副教授,主要从事数论与 $p$ 进代数几何研究工作。

- 张盛桐

张盛桐是我校2015届学生。他回忆在市北初级中学的学习时说:"初中生活让我真正热爱上了数学。在市北初,我有幸碰到了袁海斌老师。他的责任心、教学方法和对数学教育的热爱真是数一数二的。我依然记得他在数学课上解析题目的模样和在办公室里对我的指导。感谢他的认真教导,让我获得了上海市数学竞赛一等奖,也让我决心把数学研究作为我未来的方向。初中生活也让我收获了宝贵的友谊。在市北初,我认识了不少志同道合、热爱数学的同学。我们互相鼓励,一起在数学的道路上前行。课间,我们经常一起交流数学知识,用数学趣题挑战对方。我们会一起准备竞赛,并互相祝贺彼此的成就。学校甚至给我们争取了一起去保加利亚和韩国参加数学竞赛、与国际数学友人交流的机会。毕业后,不少同学和我升入了同一所高中,直到现在我们都是很好的朋友。"

张盛桐在我校学习期间获得过许多数学比赛大奖,如全国高中数学联赛(上海赛区)一等奖。2016 年,高中一年级的张盛桐作为中国国家队代表参加了国际数学奥林匹克并获得金牌,此时他才 16 岁。2019 年,张盛桐在麻省理工学院就读本科期间,与好友姚远等人合作解决了著名的"寻找高维空间中的等角线最大值"问题,论文在数学界四大顶刊之一的《数学年刊》上成功发表,此时他才 19 岁,还是一名大学一年级的本科生。2022 年,张盛桐在第四届阿里巴巴全球数学竞赛中获得银奖。同年,张盛桐从麻省理工学院本科毕业,计划前往斯坦福大学攻读博士学位,他说将来要努力争取获得菲尔兹奖。我校的数学资优生教育虽然以数学竞赛为重心,但是我们的资优生教育并不是培养只会做数学题的机器,而是注重学生的全面发展,要求在所有科目都有所发展的基础上充分发掘某一科目的天分,突出优势发展的同时还要保持同学们的身心健康和健全人格。这些方面的平衡发展与身心健康对资优生将来走上科学研究的道路至关重要。事实上,我校在资优生教育过程中重视智育更重视德育,坚持培养德才兼备的双优人才。

- 严韫洲

严韫洲是我校 2015 届学生。他回忆市北初级中学的数学教育时说:"我至今依旧记得,初中时期每天下课之后都会准时到来的额外数学训练,这样的练习对未来数学竞赛学习极具价值,更不用说对中高考的帮助了。"他说:"袁海斌老师无论在讲题还是订正错题时,都是以思路的引导为主,而非只是把答案写在黑板上。即使是简单题有人做错了,他也会从如何入手、怎么破题开始讲。"他认为这样的教学方法让他对学习数学竞赛始终保持希望,并且培养了注重解题的出发点和思维路线,而非唯答案是从的模式。这不仅对学习数学竞赛有帮助,而且对其他学科学习,甚至生活中各种场景下的思辨都是有积极意义的。

2017 年,严韫洲荣获第 33 届全国高中数学联赛(上海赛区)一等奖。高中阶段参加清华大学的数学金秋营时,他拿到了清华大学数学系降 60 分的录取约定。后来,他通过上海领军计划,最终选择了更偏实用的计算机专业。2018年,严韫洲同学成为清华大学计算机系的一名本科生,2022 年本科毕业后去美国读研究生。他说:"计算机是偏理科的工科,应该在扎实的数学基础之上再去进一步建立计算机领域独有的知识体系,寻找自己乐于探索的方向。而在这条道路上,学过数学竞赛,或者至少有过踏实的数学学习经历的同学,必然会比别人有更大的优势。更进一步地说,数学学习对于包括我在内的所有数学竞赛生的思维塑造和世界观构建都是有积极意义的。"这些看法和思想不仅对计算机专业的学习者有很大启发,对我校的数学资优生教育也有值得借鉴的地方。

- 谢柏庭

谢柏庭是我校 2012 届学生。他不是上海本地人,而是浙江省温州市乐清人。小学至八年级上学期,谢柏庭跟随父母在上海读书,到了八年级下学期,由于户口问题,回到了老家浙江温州乐清知临中学读书。谢柏庭同学从小就很努力,学习兴趣浓厚。他不仅在数学上有天分,而且不偏科,各科成绩都非常优秀。他回忆说:"在市北初中的日子是我到目前为止的人生中最开心的几段时光之一。在学习的过程中,我明显感觉到自己的眼界更开阔了,各方面的能力都得到了提高,同时也交到了许多志同道合的朋友。这一切让我能用更平和的心态去面对各种挑战,我觉得这是比成绩的提升重要得多的收获。"2016 年,谢柏庭参加了当年举行的全国高中数学联赛并获得一等奖,拿到了清华大学"预录取"的名额。2019 年,谢柏庭同学以国际数学奥林匹克中国国家队队长的身份参加了第 60 届国际数学奥林匹克,并以满分的成绩获得金牌,并被顺利保送至清华大学。目前,谢柏庭在清华大学数学系就读,是一名大四的本科生。

- 孙亦青

孙亦青是我校 2019 届学生。孙亦青同学入校时的表现并不是特别出色,但老师发现他在每次的作业、练习及课堂表现中吸收新知识的能力很强,反应快,善于思考,解题能力很强。孙亦青同学是全面发展的典型代表。他在每门功课上都特别认真,均衡发展,哪怕本来不擅长的体育也在重视后有了很大进步,其克服困难以及持之以恒的能力超出常人。他积极发展健康的爱好,喜欢桥牌并代表学校取得比赛奖项。他从不接触手机游戏,健康生活。孙亦青品学兼优,作为班长,能起带头作用,不恃才傲物,谦以待人,得到了老师和同学们的一致好评。2019 年,孙亦青参加全国高中数学联赛,并获得上海赛区一等奖,后来又参加中国数学奥林匹克并获得金牌,随后被北京大学提前录取。目前,孙亦青是北京大学数学系二年级本科生。

- 王彦喆

王彦喆是我校 2018 届学生。王彦喆入校时课堂反应积极,能和老师良好沟通,课后经常和老师探讨相关数学知识,并在和老师沟通后采纳老师建议,及时弥补学习中的不足,如需要注重数学概念的形成、数学解题过程的规范等。对于数学难题,他肯花时间钻研,注重思考解题的过程。平时,他会阅读一些国内外有关竞赛方面的书籍,这些书籍有助于他对题目的思考更加深入,并从中寻找问题的本质,或归纳总结找到解题的通法。王彦喆渴望参加比赛取得成绩证明自己,初二时就参加了全国高中数学联赛。他对于自己的薄弱环节比较清楚,希望学校有相应的专题培训,例如数学的组合问题研究、数论问题研究等。2019 年 9 月,王彦喆参加全国高中数学联赛(上海赛区)并获得一等奖,同年 11 月参加中国数学奥林匹克(第 35 届全国中学生数学冬令营)并获得一等奖。2021 年,王彦喆破格进入北京大学数学系,现为北京大学本科生。

- 杨新叶

杨新叶是我校 2018 届学生,是一位女学生。她在解题时,过程非常规范,并且格式工整,对解法有独到的理解。我校会给资优生班级每周布置一道思考题,这道题需要学生花不少时间思考、研究,通过不断的累积,资优生的思维能力及解题技巧会得到较大提升。杨新叶特别愿意思考这样的有挑战性的问题,愿意投入大量的时间去练习,坚持不懈,付出了大量的精力。她学习数学的时候,注重概念的形成,同时注重思考解题的过程,重视积累,错题笔记整理规范,对于自己的薄弱环节会特别注意加强练习。2019年8月,杨新叶参加女子数学奥林匹克并获得了一等奖,2019年9月参加全国高中数学联赛(上海赛区),再次获得一等奖,2021年提前进入北京大学数学系。

- 颜川皓

颜川皓是我校2015届学生。该同学比较低调,在刚入校的时候,他已经具备一定的数学水准,但他上课时不仅非常愿意听老师的评讲,而且还能向老师和同学提供更好的解法。他的解题过程非常规范,逻辑也很严谨,所以在批作业的时候,老师就发现这个同学的水准相当之高。从书写习惯到思维的严谨程度,以及课堂的表达,都是一个不可多得的人才,具备很强的思辨能力。九年级时,他就成功达到了高联一等奖的分数线。2019年,他进入上海中学后,继续参与数学资优生的课程学习,高中时参加全国高中数学联赛并顺利拿到了一等奖。由于成绩优异,他进入了集训队,后来被保送到清华大学交叉信息学院(姚班),目前是清华大学本科生。

在对我校数学资优生发展情况的调研中,我们使用问卷方式进行调查,共有719名同学给我们作了回复。统计结果显示,92.5%(665人)的同学表示参加过数学竞赛,有77.4%(515人)的同学表示在数学竞赛活动中曾经获奖,有91.2%(656人)的同学表示如果再给一次选择机会的话还会选择学习并参加数学竞赛。调查中还发现,58.0%(417人)的同学表示数学竞赛学习经历对自己的思维品质有着积极的影响,他们高度肯定了数学竞赛的教育价值;有80.5%(579人)的同学表示自己现在的学习或工作与数学相关,其中29.6%的同学表示自己现在的学习或工作与数学高度相关。统计结果显示,每年我校都有一些毕业生被世界知名高校,如北京大学、清华大学、复旦大学等录取。学生的发展现状是学校教育方向是否正确、教育目标是否达成的风向标,了解毕业学生的情况也有助于我们更科学、更有效地作出对新一届学生的教育规划,并制定相关策略。

## 6.2.2 教科研成果

目前,上海市市北初级中学拥有专任教师 166 人,其中高级教师 27 人,一级教师 66 人。特级教师 1 人,区学科带头人 5 人,上海市双名工程攻关计划成员 3 人,上海市双名工程种子计划领衔人 1 人、成员 4 人,上海市英语学科青年研修班(Seminar)成员 1 人,静安区第三期"菁英计划"7 人,静安区科研流动中心 1 人。近年来,随着学校办学规模的扩大,越来越多的青年教师加入了市北初级中学的大家庭。年轻的力量为学校发展注入了更多的活力和希望,同时,做好青年教师的培养工作,成为了学校可持续发展战略的重中之重。

### (1) 论文与课题

近年来,我校数学资优教育教师有多篇论文公开发表,其中 2 篇论文发表于全国核心期刊,还有论文在区级及以上评选中获奖。表 6-2 是近年来我校数学资优教师公开发表的代表性论文。这些论文凸显了我校资优教师对资优生教育的探索。

表 6-2  近年来我校数学资优教师的代表性论文

| 作者 | 论文题目 | 刊物 | 出版日期 |
|------|---------|------|---------|
| 何 强 | 初中阶段数学拔尖创新人才的早期识别与培养 | 《现代基础教育研究》 | 2023 年 3 月 |
| 王松萍 | 一道初中竞赛题的多种解法与推广 | 《中学数学》 | 2023 年 3 月 |
| 管君阳 | 基于深度学习理念的初中数学教学设计课例研究——以"圆的内接四边形的判定"为例 | 《上海中学数学》 | 2022 年 11 月 |
| 刘倩伊 | 从单元整体走进追本溯源 | 《初中数学教与学》 | 2021 年 1 月 |
| 尤文奕 | 以数学的方式开展新知教学——以矩形为例 | 《中学数学教学参考》 | 2020 年 4 月 |
| 刘倩伊 | 中学数学文化教育的现代化探索 | 《新教育时代》 | 2020 年 12 月 |

| 作者 | 论文题目 | 刊物 | 出版日期 |
|---|---|---|---|
| 尤文奕 | 关于勾股定理教学中"合理猜想"的思考 | 《数学教学》 | 2020 年 11 月 |
| 池笑影 | 高考数学阅读能力的考查——以近五年全国Ⅰ卷和上海卷为例 | 《中学数学月刊》 | 2019 年 10 月 |
| 尤文奕 | 质疑思辨提升——例说理性思维在数学知识与方法教学中的体现 | 《数学教学》 | 2019 年 7 月 |
| 陈弘珏 | 课堂观察在初中数学教学中的运用和思考 | 《当代教育家》 | 2019 年 7 月 |
| 尤文奕 | 从原点出发开展合情合理的数学教学 | 《上海中学数学》 | 2019 年 4 月 |
| 尤文奕 | 全等三角形判定的教学思考 | 《初中数学教与学》 | 2019 年 3 月 |

近年来,我校喜获多项课题立项:市级课题有 1 项,区级课题有 12 项,详见表 6-3,其中 7 项课题由 2018 及 2019 年入校的青年教师承担。这对促进我校青年教师快速成长,尽快适应数学资优生的教育有很大帮助。

表 6-3　近年来我校数学资优教师立项课题

| 时间 | 课题主持人 | 课题级别 | 课题名称 | 获奖情况 |
|---|---|---|---|---|
| 2021—2023 | 王松萍 | 区一般课题 | 基于"双减"背景的初中生数学学习习惯培养及支持研究 | |
| 2020—2022 | 宋立 | 区一般课题 | 新课改背景下初中数学教学中的情境创设及实践研究 | |
| 2020—2022 | 尤文奕 | 市级课题 | 几何实验教学的实践与研究 | |
| 2020—2022 | 万涌蓉 | 区青年课题 | 初中数学整式运算中解题错误的归因分析 | |
| 2020—2021 | 樊怡青 | 区青年课题 | 初中低年级"应用数学"长作业设计与实践研究 | |

| 时间 | 课题<br>主持人 | 课题级别 | 课题名称 | 获奖情况 |
|---|---|---|---|---|
| 2018—2020 | 何强 | 区重点课题 | 基于学生核心素养提升的个性化教学设计与实施研究 | 一等奖 |
| 2016—2017 | 仇亚尊 | 区一般课题 | 改善初中数学书写规范行动研究 | |
| 2015—2016 | 宋立 | 区青年课题 | 联想法几何教学 | 一等奖 |

### (2) 书籍出版

在数学资优生教育的过程中,我校根据资优生的学习特点,充分发挥教师的积极性,编写了独具特色的校本教材。在原来的讲义、教案基础上,由绝大部分学科教师参编了一套《市北初级中学资优生培养教材》。这套教材包括数学、物理和化学三科以及相应的练习册,由华东师范大学出版社出版。这套书涵盖 6—9 年级四个年级,特别适合成绩优秀的初中学生学习。资优生培养教材的出版,为我校资优生的发展开辟了新的天地,极大地推动了资优教育的开展。2018 年,《市北初级中学资优生培养教材》推出了修订版,如图 6 - 1 所示。

图 6 - 1　市北初级中学资优生培养教材

我校的资优生培养教材出版后受到了初中生特别是优秀生的热烈欢迎,几年间数学资优生培养教材和练习册销量都纷纷突破万册。其中六年级的数学资优生培养教材和练习册销量最高,分别达到了 7.6 万册和 8.8 万册。2018 年,修订后的第二版 6—9 年级数学资优生培养教材和练习册销量更是打破了第一版的销售纪录,销售量为第一版的 2 至 3 倍。销量反映了受众群体的需求,教材、练习册被广泛认可,这在一定程度上映射出我校教师团队对学生理科学习方面发展特征与需求的精准把握,也是教师专业性的体现。

2020—2023 年,由我校何强校长领衔、全体数学教师参与的《市北初级中学资优生培养教材》六、七、八、九年级视频课由华东师范大学出版社出版。

### (3) 荣誉和奖励

我校教师队伍建设在近三年取得了丰硕的成果。近三年来,有35人次青年教师在区级及以上各类教学评比中获奖;4名教师获得上海市园丁奖和静安区园丁奖;2018学年的见习教师中有3位教师分获静安区新苗杯一等奖和三等奖,其中陈鹮怡老师还获得了上海市见习教师基本功大赛二等奖;2019学年的见习教师中有5位分获静安区新苗杯一、二、三等奖;2020年我校有7名青年教师入选静安区第三期"菁英计划",其中陆芊妤、胡青青、陈鹮怡、汪丽四位教师都是2018年和2019年入校的新教师。

近年来,我校数学资优教师获奖情况见表6-4。我校数学资优教师中,何强、尤文奕表现特别突出。2019年12月30日,我校王松萍老师在上海市静安区第四届学术季活动中作为数学教研组长代表发言,分享了她关于教育变革中教研组长修为的思想。2020年1月,我校宋立老师在上海市静安区第四届学术季闭幕式上作为教师代表发言,分享数学资优生教学理念。总结经验,提炼经验,共享经验,在交流和推广中得到反馈和启发,这既是对教师专业性的认可,也是每位教师持续专业提升的内在需求。

表6-4　近年来我校数学资优教师获奖情况

| 年份 | 获奖教师 | 奖项名称 | 奖项等级<br>(区/市/全国) |
|---|---|---|---|
| 2023 | 李思苏 | 全国高中数学联合竞赛优秀教练员 | 全国 |
| 2022 | 何强 | 上海市五一劳动奖章 | 市级 |
| 2022 | 何强、尤文奕、王松萍、宋立、刘倩伊 | 上海市基础教育优秀教学成果一等奖 | 市级 |
| 2022 | 刘倩伊 | 上海市中青年教师教学评比大赛二等奖 | 市级 |
| 2021 | 何强 | 上海市"四有"好教师提名奖 | 市级 |
| 2021 | 王松萍 | 静安区园丁奖 | 区级 |

| 年份 | 获奖教师 | 奖项名称 | 奖项等级（区/市/全国） |
|------|----------|----------|------------------------|
| 2021 | 池笑影 | 2021 年上海市中小学（幼儿园）见习教师基本功大赛一等奖 | 市级 |
| 2020 | 王松萍、何强、尤文奕 | 全国高中数学联合竞赛优秀教练员 | 全国 |
| 2019 | 徐捷 | 上海市静安区职初教师菁英培养项目教学课例评比最佳课例奖 | 区级 |
| 2019 | 管君阳 | 全国高中数学联合竞赛优秀教练员 | 全国 |
| 2018 | 刘倩伊 | 上海市静安区初中数学教师教学能力大赛一等奖 | 区级 |
| 2017 | 尤文奕 | 上海市园丁奖 | 市级 |

## 6.3 | 数学资优生教育的反思

　　数学资优生教育是一个极具挑战性的事业。尽管近年来我国教育界已经对数学资优生的教育给予了充分的重视，也取得了不少研究成果，但是关于数学资优生的发现和培养仍旧是一个较为困难的问题，我国在拔尖创新人才培养方面仍然存在很多问题[①]。上海市市北初级中学作为一所数学资优生教育特色学校，在数学资优生教育方面进行了长期的实践和探索，并在数学资优生教育制度建设、课程建设、师资培养、学习指导等方面积累了一定的数学资优生教育经验，形成了独具特色的数学资优生教育传统。然而，我们不仅要看到成绩，更应该看到不足。反思我校的数学资优生教育，其发展并不完善。事实上，对数学资优生的教育，不仅要关心他们如何在数学竞赛中出成绩，更要关注他们的后劲问题和长远发展。鉴于此，我们认为在以下几个方面还需作进一步的研究。

---

① 朱永新，褚宏启．拔尖创新人才早期发现和培养[J]．宁波大学学报（教育科学版），2021，43（4）：1-6．

### (1) 培育天才成长的土壤,营造良好的成长环境

我国著名文学家鲁迅在《未有天才之前》一文中呼吁"大家做培养天才的土壤",他说:"我想,天才大半是天赋的;独有这培养天才的泥土,似乎大家都可以做。"①教育工作者更要甘做培养天才的土壤,乐于做伯乐。须知千里马常有,而伯乐不常有,故先有伯乐然后有千里马。事实上,策之不以其道,食之不能尽其材,鸣之而不能通其意,即使千里马亦不能日行千里。我国并不是没有天才式的人物,而是缺乏天才成长的土壤②。钱学森之问:"为什么我们的学校总是培养不出杰出的人才?"一个重要的原因就是缺乏天才成长的土壤,基础教育,特别是现在的中学教育环境,极不利于高天赋的学生冒出来。我们最需要做的就是努力培育天才成长的土壤,把土壤做深、做厚、做肥,从教育制度、课程资源、师资力量等方面努力营造天才成长所需的良好环境。当土壤深厚且肥沃时,潜在的天才才会像一颗优质的种子,充分发挥自己的潜力,崭露头角并长成参天大树。

宽松的学习环境对数学资优生的成长特别重要。尹裕在《寻回美好的中学时代》一文中回忆了20世纪60年代中学的学习情况③。尽管那时候的生活条件差到现在的中学生无法想象,但是他认为那却是自己人生中一段"美好的时光"。他说那个时候课业负担远没有现在这么重,没有现在这样反复的考试,下午通常只有一两节课,三点多学生们就下课去操场活动了,同学们不仅热爱体育活动,而且还参加丰富多彩的课外活动,学校也会经常邀请大学教授给同学们作高水平的讲座,开阔同学们的视野。那时的学生不仅成绩优秀,而且综合素质高,自觉性强,有独立意识,乐于运用知识解决实际问题。许多同学通过阅读数学课外读物,培养了对数学和科学的兴趣,甚至不少人都开始自学大学高等数学的内容。中学阶段是决定人生命运的六年或七年,也是人生最重要的学习时光,但现在的中小学教育受中考、高考的影响实在太大了。学

---

① 鲁迅. 鲁迅作品阿 Q 正传[M]//鲁迅. 未有天才之前. 北京:民主与建设出版社,2017:191.
② 朱华伟. 拔尖创新人才早期发现和选拔培养机制探索[J]. 创新人才教育,2022(4):39－43.
③ 尹裕. 寻回美好的中学时代[J]. 数学通报,2006(1):1－4.

生们终日深陷于中考题、高考题的海洋之中,鲜有时间深入思考和欣赏数学并培养真正的数学兴趣。最常见的就是考试不考、教师不教,教师不教、学生不学,这样整齐划一的教育环境怎能促进天才的产生和发展?

资优教育的实质是因材施教。对于"英才生"的数学教育,不仅需要提供给他们特殊的教育资源,更需要创设适合他们发展潜能的培养环境①。例如,著名华裔数学天才陶哲轩的数学成就与他小时候良好的学习环境密不可分。陶哲轩在很小的时候,老师就发现了他的数学天赋,因此他的老师经常和他的家长进行沟通,讨论学校和家庭如何调整、创设适合他的学习环境。这些教育举措对陶哲轩年纪轻轻就迅速成长为国际一流的数学家起到了重要的作用。在对数学资优生进行教学时,教师应该创设适合学生发展的教学情境,并根据学生情况随时调整教学内容,帮助他们更好地发展,而不是为了中考和高考进行反复训练。因为这样的反复训练,作用非常有限,弊端却特别明显,特别是可能严重伤害学生的数学兴趣和热情,贻误数学资优生的发展②。因此,营造良好的成长环境,完善资优生教育制度,值得每一位教育工作者深入思考。

### (2) 培养数学创造性思维,鼓励独立探索研究

创新性思维是学生创新能力培养的核心,创造性思维主要包括发散性思维、批判性思维以及聚合思维③。数学创造性思维主要包括数学发散性思维、数学批判性思维以及数学聚合思维。其中,数学发散性思维是数学创造性思维的核心。数学发散性思维主要有三个特征:数学思维的流畅性、数学思维的变通性和数学思维的独特性。数学创新能力的培养要聚焦培养学生的数学发散性思维,而提高学生发散性思维的关键就是要提高学生数学思维的流畅性、变通性和独特性。因此,培养学生数学创新能力的关键是发展学生的数学创

---

① 陈隽,康玥媛,周九诗,等. 基于中美比较视角谈职前数学教师的培养和英才教育——蔡金法教授访谈录[J]. 数学教育学报,2014,23(3):21-25.

② 张奠宙. 中国数学教育的软肋——高中空转——冯祖鸣老师等访谈录[J]. 数学教学,2007(11):封二-1.

③ 褚宏启. 学生创新能力发展的整体设计与策略组合[J]. 教育研究,2017(10):21-28.

新性思维,让学生学会数学创新并且愿意进行创新。然而,已有研究表明,我国中小学生数学创造性思维发展较为滞后,一个重要的原因就是学生很少接触到创造性的问题,学校数学学习中大多是常规性的问题,缺乏具有一定挑战性的非常规问题[①]。事实上,复杂的工作能够带来挑战,激发个体创造的兴趣与渴望,提升创造力水平。因此,数学教学中,很有必要使用非常规问题,培养中小学生的数学创造性思维。

数学创造性思维欠缺的一大表现是思维僵化,也就是思维标准化。思维标准化主要表现为功能固着和迷信权威[②]。功能固着是指学生在思考问题时欠缺发散性思维,缺乏从多个角度思考问题,缺乏一题多解的意识和能力。迷信权威主要是批判性思维欠缺,缺乏批判思考问题的意识和能力。数学创造性思维培养要从破除思维僵化入手,开展数学发散性思维训练和数学批判性思维训练。数学竞赛教育除了训练学生的解题技能,更重要的是培养学生的数学创造性思维、发散性思维和批判性思维,并使数学创造性思维的训练成为数学资优生教育的常态。数学创造性思维的培养仅仅依靠传统教材中的练习题是远远不够的,必须要给学生提供具有一定挑战性的高层次思维的数学任务。数学竞赛中有许多非常规的需要创造性思维才能解决的问题,特别是组合数学和数论中的问题大都陈述简洁,但是解法却极富创造性,需要学生充分发挥想象力,表现出极大的数学创造性思维,引导资优生进行探索和研究。数学研究意识是指在数学学习的过程中不仅要去学习(learn)数学,而且要去研究(study)数学,特别是养成研究的意识和习惯,这样才能培养数学创造性思维。

数学资优生是一个国家重要的潜在科学研究人才,他们的发展应该引起教育界的高度重视。正如波利亚所说:"将未来的数学家发掘出来是一件最重要的事情,假如他们选择了一项错误的职业,那么他们的才能将遭到浪

① 顾王卿,赵镇. 低成就资优生的成因分析及干预措施[J]. 现代中小学教育,2017,33(12):87-89.
② 褚宏启. 学生创新能力发展的整体设计与策略组合[J]. 教育研究,2017(10):21-28.

费。"①数学竞赛教育不只是为了训练学生解难题,也不是仅仅为了获奖,而是培养学生的数学学习兴趣、数学创造性思维、数学研究意识以及科学研究的志向,这些才是数学竞赛教育对数学资优生真正的教育价值所在。尽管新世纪以来我国的数学资优生教育得到了较快发展,但是我国数学资优生教育无论是理论还是实践都存在不少问题,在师资、课程、教育模式、教育方法等方面都远远没有达到令人满意的地步②,数学资优生的教育仍然有待广大专家学者进行更为深入的研究和探索。

### (3) 树立科学研究志向,尽早到达科学前沿

科学志向指的是立志成为科学家的志向。数学资优生在数学和科学天赋上有着一般人难以比拟的优势。数学资优生应该立志成为科学研究人才,否则就是对自身智力资源的巨大浪费,也是国家的严重损失。历史上,许多杰出的人物从小就立下了远大的目标,一生受到目标的指引,从而建立了丰功伟绩。然而,在现实中,由于升学考试压力,特别是高考和中考的压力,我国中学生尽管学习十分勤奋,但是对自己的人生发展却很少思考,缺乏远大的目标。调查研究发现,我国很多中学生甚至把考入某某名校作为自己的志向和学习目标,这是十分荒唐的,然而在我国中学生中,这种情况却是一种普遍的现象③。这也从某个方面解释了"钱学森之问",原因就在于我国中小学教育培养出来的学生有不少缺乏远大的科学理想。数学资优生是不可多得的人才资源,他们的成长事关国家和民族的繁荣和发展,因此,数学资优生教育应该引起社会各界的高度重视。

数学资优生应树立成为科学家和数学家的远大理想。作为潜在的科学研究人才,数学资优生既要有远大的志向,又要有脚踏实地的作风,这样才能保

① 波利亚.数学的发现——对解题的理解、研究和讲授[M].刘景麟,曹之江,邹清莲,译.北京:科学出版社,2006.
② 王光明,宋金锦,佘文娟,等.建立中学数学英才教育的数学课程系统——2014年中学英才教育数学课程研讨会议综述[J].课程·教材·教法,2014,34(5):122-125.
③ 张奠宙.中国数学教育的软肋——高中空转——冯祖鸣老师等访谈录[J].数学教学,2007(11):封二-1.

证成长为真正的数学和科学研究人才。中华民族的伟大复兴需要大批的科学和数学人才,特别是需要大批杰出的科学家和数学家。事实上,不少研究发现,国内外数学竞赛优胜者中已经出现了许多杰出的科学和数学研究人才[1][2]。数学资优生作为数学竞赛的优胜选手,其成长为科学和数学人才的概率很高。因此,有必要从小培养他们立志科学与数学研究的志向。数学资优生是不可多得的人才资源,他们应该树立成为数学家和科学家的远大理想,成为未来数学和科学研究的后备人才。尽管数学资优生未来不一定都会从事数学研究工作,成为数学家,但是随着科学,特别是社会科学数学化的发展,各个行业都在逐步实现数学化,使用数学的思想、方法和知识研究各行各业的问题已经成为一种社会发展的趋势。

数学资优生并不一定每门功课都非常优秀,更不一定从小到大都一直优秀。例如,2012年获聘正教授的中南大学数学专业本科生刘路[3],小学的时候,他的成绩惨不忍睹,甚至可以说是差生,但五六年级的时候,他却喜欢上了数学。刘路初中时的成绩时好时坏,但他非常喜欢看数学课外书,甚至还研究过数论。刘路高中时的成绩并不优秀,即使是他最喜爱的数学,成绩也不突出,仅仅在及格线上下,因为他总是花费大量的时间钻研数学问题,甚至影响到了其他科目的成绩。考上大学后,刘路的成绩一直都是中等水平,他唯一的爱好就是数学,并愿意花费大量时间学习及研究。2010年,刘路经过艰苦的努力,成功地解决了数学界的一大难题——西塔潘猜想,引起巨大轰动。2012年,刘路本科毕业的时候被中南大学破格聘请为正教授,还成为了2012年度科学新闻年度人物,这一年,23岁的他成为我国历史上最年轻的数学教授。刘路的成功表明数学资优生一个最重要的特点就是对数学有着持久的兴趣,并愿意花费大量的时间和精力学习和研究,这种持久的热爱正是数学天赋的根

① 朱华伟. 试论数学奥林匹克的教育价值[J]. 数学教育学报,2007,16(2):12-15.
② 熊斌,蒋培杰. 国际数学奥林匹克的中国经验[J]. 华东师范大学学报(自然科学版),2021(6):1-14.
③ 中南大学教授——刘路的传奇人生路[EB/OL]. [2022-09-21]. http://news. sohu. com/a/586776595_121165573.

源。从兴趣到志趣,从应试到研究,刘路在大学阶段就实现了上述目标,并成功到达了科学前沿。朝着一个目标,长期坚持不懈地努力,正是刘路成功的根本原因。当我国的数学资优生群体中涌现出一大批二十多岁的专家教授时,我们就可以肯定地作出判断——我国的数学资优生教育取得了成功。

对数学资优生的教育,应重在树立学生的科学研究志向,尽早将他们培养成为科学研究人才,这对个人和国家都非常重要。数学资优生要立志成为科学家,并保持勤实、踏实的作风,同时社会各界也应高度重视数学资优生的培养。希望未来数学资优生教育能取得更大成功,为国家科技进步作出更大贡献。

# 参考文献

［1］边玉芳,王义军.家校合作的责任与边界［N］.中国教育报,2018-3-19(4).

［2］波利亚.数学的发现——对解题的理解、研究和讲授［M］.刘景麟,曹之江,邹清莲,译.北京:科学出版社,2006.

［3］波利亚.数学与猜想(第二卷)——合情推理的模式［M］.李志尧,等,译.北京:科学出版社,2001:177.

［4］波利亚.怎样解题:数学教学法的新面貌［M］.涂泓,冯承天,译.上海:上海科技教育出版社,2002.

［5］波利亚.怎样解题——数学思维的新方法［M］.涂泓,冯承天,译.上海:上海科技教育出版社,2007.

［6］陈隽,康玥媛,周九诗,等.基于中美比较视角谈职前数学教师的培养和英才教育——蔡金法教授访谈录［J］.数学教育学报,2014,23(3):21-25.

［7］陈磊.创新型人才是怎样炼成的——重读钱学森(上)［N］.科技日报,2007-12-10.

［8］褚宏启.学生创新能力发展的整体设计与策略组合［J］.教育研究,2017(10):21-28.

［9］杜玲玲.超常儿童早期培养的师资保障制度研究［J］.中国特殊教育,2022(7):3-9.

［10］方芳,方涛.关于英才教育法律政策的国际比较［J］.四川教育学院学报,2012,28(5):48-52.

［11］傅梅芳.教育反思能力——新时代教师应具备的能力［J］.继续教育研究,2002(2):96-99.

［12］顾明远.个性化教育与人才培养模式创新［J］.中国教育学刊,2011(10):5-8.

［13］顾王卿,赵镇.低成就资优生的成因分析及干预措施［J］.现代中小学教育,2017,

33(12):87 - 89.

[14] 何强.发现问题与思考问题——IMO 美国国家队主教练罗博深的报告与启示[J].数学教学,2018(8):6 - 9.

[15] 克鲁切茨基.中小学生数学能力心理学[M].赵裕春,李文湉,杨琦,等,译.北京:教育科学出版社,1984.

[16] 李翠翠.美国、英国和澳大利亚资优教育国际比较及启示[J].外国中小学教育,2019(4):19 - 29.

[17] 李希贵.面向个体的教育[M].北京:教育科学出版社,2014.

[18] 鲁迅.鲁迅作品阿 Q 正传[M]//鲁迅.未有天才之前.北京:民主与建设出版社,2017:191.

[19] 陆一,冷帝豪.中学超前学习经历对大学拔尖学生学习状态的影响[J].北京大学教育评论,2020,18(4):129 - 150,188.

[20] 倪明,熊斌,夏海涵.俄罗斯高中课程改革的特色——数学课程普通教育与英才教育并举[J].数学教育学报,2010,19(5):12 - 16.

[21] 裴昌根,宋美臻,刘乔卉,等.小学生数学学习兴趣发展的"现状""问题"及"对策"——基于重庆市的调查研究[J].数学教育学报,2017,26(3):62 - 67.

[22] 齐国艳.让道德教育在体验中自然发生[N].德育报,2022,总第 1078 期,2022 - 10 - 10(2).

[23] 乔建中,熊文琴,王云强.从新课程标准看未来初中各学科德育渗透[J].思想·理论·教育,2003(11):64 - 68.

[24] 上海市教育委员会教学研究室.学科育人价值研究文丛[M].上海:上海教育音像出版社,2013.

[25] 邵光华,顾泠沅.中学教师教学反思现状的调查分析与研究[J].教师教育研究,2010,22(2):66.

[26] 沈威,曹广福.数学估计及中国数学课程标准对其的培养要求[J].数学教育学报,2015,24(4):33 - 39.

[27] 盛志荣,周超.数学资优教育[M].杭州:浙江大学出版社,2012.

[28] 史宁中,林玉慈,陶剑,等.关于高中数学教育中的数学核心素养——史宁中教授访谈之七[J].课程·教材·教法,2017,37(4):8 - 14.

[29] 唐盛昌,冯志刚.数学英才的早期识别与培育初探——基于案例的研究[J].数学通报,2011,50(3):11 - 15,18.

[30] 唐盛昌.聚焦志趣、激发潜能——上海中学高中生创新素养培育实验研究[J].教育研究,2012,33(7):144-155.

[31] 唐盛昌.资优生的必修课:领导与组织[M],上海:上海科学技术出版社,2013.

[32] 唐盛昌.资优生教育——乐育菁英的追求[M].上海:上海教育出版社,2009.

[33] 汪晓勤,柳笛.使用否定属性策略的问题提出[J].数学教育学报,2008,17(4):26-29.

[34] 王光明,宋金锦,佘文娟,等.建立中学数学英才教育的数学课程系统——2014年中学英才教育数学课程研讨会议综述[J].课程·教材·教法,2014,34(5):122-125.

[35] 王元.华罗庚科普著作选集[M].上海:上海教育出版社,1984:119.

[36] 吴洪艳,刘晓琳.初中生数学学习兴趣问卷编制与现状调查[J].数学教育学报,2017,26(2):50-54.

[37] 吴仁芳,王珍辉.初中数学资优生数学学习兴趣的现状调查与分析[J].教学研究,2017,40(2):108-116.

[38] 吴仲和.比较研究要重视教育政策和背景——从不同角度看美国数学教育[J].数学教育学报,2017,26(4):34-37.

[39] 吴仲和.美国数学教育改革与数学天赋学生培养的简略回顾——如何在鱼腹中发现珍珠[J].数学教育学报,2002,11(4):45-48.

[40] 武海燕.培养教师反思能力的意义和策略[J].内蒙古师范大学学报(教育科学版),2001(6):69-71.

[41] 习近平.加大改革落实工作力度　让人才创新创造活力充分迸发[N].人民日报,2016-05-07(1).

[42] 肖骁.培育数学英才的实践与探索[J].数学通报,2013,52(4):9-11.

[43] 熊斌,蒋培杰.国际数学奥林匹克的中国经验[J].华东师范大学学报(自然科学版),2021(6):1-14.

[44] 薛建平,刘茂祥.多元文化背景下的资优生德育探索——兼论资优生民族精神孕育的国际视野[J].教育探索,2004(12):82-84.

[45] 杨雄."00后"群体思维方式与价值观念的新特征[J].人民论坛,2021(10):18-22.

[46] 杨雨欣,徐瑾劼.经合组织国家资优生教育政策的演进、特点及启示——基于OECD国家政策报告的解读[J].上海教育科研,2022(7):35-42.

[47] 叶澜.重建课堂教学价值观[J].教育研究,2002(5):3-7.

[48] 尹裕.寻回美好的中学时代[J].数学通报,2006(1):1-4.

[49] 于波.高中数学模块课程实施的阻抗研究——基于十省市的调查[J].课程·教材·教法,2013,33(2):40-43,49.

[50] 张奠宙.中国数学教育的软肋——高中空转——冯祖鸣老师等访谈录[J].数学教学,2007(11):封二-1.

[51] 张丽玉,何忆捷,熊斌.美国国际数学奥林匹克国家队的成就、经验与启示[J].比较教育学报,2020(3):24-34.

[52] 张偋,曾静,熊斌.数学英才教育研究述评[J].数学教育学报,2017,26(3):39-43.

[53] 张英伯,李建华.英才教育之忧——英才教育的国际比较与数学课程[J].数学教育学报,2008,17(6):1-4.

[54] 章士藻.中学数学教育学[M].北京:高等教育出版社,2007.

[55] 郑笑梅,姚一玲,陆吉健.中美数学英才教育课程及其实践的比较研究[J].数学教育学报,2021,30(4):68-72,88.

[56] 郑毓信,肖柏荣,熊萍.数学思维与数学方法论[M].成都:四川教育出版社,2001.

[57] 朱华伟,张景中.论推广[J].数学通报,2005,44(4):55-57,28.

[58] 朱华伟.拔尖创新人才早期发现和选拔培养机制探索[J].创新人才教育,2022(4):39-43.

[59] 朱华伟.试论数学奥林匹克的教育价值[J].数学教育学报,2007,16(2):12-15.

[60] 朱永新,褚宏启.拔尖创新人才早期发现和培养[J].宁波大学学报(教育科学版),2021,43(4):1-6.

[61] Su F E. Teaching Research: Encouraging Discoveries [J]. American Mathematical Monthly, 2010,117(11):759-769.

[62] Renzulli J S. What makes giftedness? Reexamining a definition[J]. Phi Delta Kappan, 1978,60(3),180-184,261.

[63] Renzulli J S. The Three-Ring Conception of Giftedness: A Developmental Model for Promoting Creative Productivity [A]. In: Sternberg R J, Davidson J E. Conceptions of Giftedness [C]. New York: Cambridge University Press, 2005.